Colección_Grado /8

MANUAL DE ANÁLISIS SENSORIAL
DE LOS ALIMENTOS

© de la edición: UAM Ediciones, 2023
© del texto: Su autora/coautoras, 2023

Diseño de la cubierta: Arturo Magán

Ediciones Universidad Autónoma de Madrid
Campus de Cantoblanco
C/Einstein, 3. 28049 Madrid
www.uam.es/uam/uam-ediciones
servicio.publicaciones@uam.es

ISBN: 978-84-8344-906-6
e-ISBN: 978-84-8344-907-3
DOI: https://doi.org/10.15366/9788483449066
Depósito legal: M-29555-2023

Impresión: Solana e Hijos Artes Gráficas, S. A. U.

Colección_Grado /8

MANUAL DE ANÁLISIS SENSORIAL DE LOS ALIMENTOS

Autora:
Esperanza Mollá Lorente

Coautoras:
Vanesa Benítez García
Sara Giráldez Prieto

Ediciones

Este libro está dedicado a mi madre, Mercedes Lorente Sorolla,
que siempre ha sido un ejemplo a seguir, que confió en mí
y en la capacidad para hacer cualquier tarea que me propusiera
y que se ha ido mientras elaboraba este libro.

ÍNDICE

INTRODUCCIÓN

INTRODUCCIÓN

Este libro se orienta tanto al docente como a los estudiantes interesados en la evaluación sensorial de los alimentos. Sus diferentes capítulos recogen los contenidos impartidos en asignaturas como "Análisis sensorial de los alimentos" y "Análisis instrumental y sensorial de los alimentos", materias impartidas en los grados en Ciencia y tecnología de los alimentos y en Nutrición humana y dietética, respectivamente.

Los objetivos de la presente obra serán los siguientes:

- Formar a los estudiantes en la disciplina del *análisis sensorial de alimentos*
- Conocer los *conceptos y fundamentos teóricos* del análisis sensorial
- Conocer e interpretar las diferentes metodologías utilizadas en el *análisis sensorial, requisitos* y *tipos de pruebas*
- Comprender y aplicar la evaluación sensorial en la *industria alimentaria* y en estudios de *investigación* y de *aceptación* de *nuevos alimentos*

En el caso de los estudiantes, y tras concluir los distintos capítulos, estos deberán ser capaces de:

- Conocer y aplicar los fundamentos del análisis sensorial de los productos alimenticios, así como la preparación de muestras para el análisis sensorial.
- Comprender los diversos aspectos de la percepción sensorial, tales como la fisiología de los sentidos y propiedades sensoriales de los alimentos, concienciando al alumnado sobre la vinculación de las características sensoriales de los alimentos con la calidad de estos.
- Entender la importancia de las metodologías del análisis sensorial de alimentos: tipos de pruebas, jueces, diseño de experimentos, etc.
- Desarrollar habilidad para llevar a cabo buenas prácticas en procedimientos de análisis sensorial de alimentos y adquirir destrezas para realizar la evaluación sensorial de alimentos.

La presente obra servirá de ayuda a los estudiantes porque, aunque existen magníficos libros de texto sobre esta materia, no hay ninguna obra que se adecúe totalmente a los temas que realmente se imparten en estas asignaturas. Existen varios libros sobre análisis, evaluación, metodología práctica y fichas de evaluación, pero ninguno cubre el contenido que ayude a adquirir todas las competencias y destrezas que se proponen al cursar estas materias vinculadas con la disciplina objeto de este libro. Especialmente, será útil para el aprovechamiento de la docencia impartida en la sala de cata, ya que es eminentemente práctica y esos libros no presentan todos los contenidos que el estudiante necesita.

Este libro enseñará no solo el vocabulario específico que se utiliza en el análisis sensorial, sino que además reflejará las leyes y teorías por las que se rige este tipo de evaluación, la percepción de los sentidos y los factores que influyen; explicará los requisitos previos a tener en cuenta para abordar unas buenas prácticas; y, por último, ayudará a comprender los distintos tipos de pruebas sensoriales que existen y cuáles son las idóneas para lograr el objetivo que se persiga.

La coordinadora del libro ha sido profesora de la asignatura desde hace muchos años, impartiendo la parte teórica en su totalidad, diseñando las diferentes prácticas en la sala de cata, junto con otros profesores –entre ellos una de las autoras– y liderando el grupo que sigue impartiendo estas prácticas y mejorándolas.

Se trata de un compendio de los contenidos teóricos orientados para la parte práctica de la asignatura: un texto con esta información va a reportar beneficios para los futuros alumnos que vayan a cursarla. Por otra parte, podría ayudar a otros estudiantes o interesados en el tema del análisis sensorial de los alimentos. Es decir, aporta una visión global del estudio de las propiedades sensoriales de los alimentos y la repercusión que tienen en la calidad sensorial, a la vez que aborda la importancia de esta disciplina en el diseño de nuevos alimentos y en las modificaciones de estos para hacerlos más saludables. Para la elaboración de alimentos y la industria alimentaria, la industria de restauración colectiva e incluso para centros de investigación, es necesario saber y comprender cómo realizar un análisis sensorial adecuado y con resultados fiables; es decir, que sea un análisis científico.

Por tanto, se invita a los estudiantes a que revisen con detenimiento cada uno de los capítulos de la presente obra porque les serán de especial utilidad tanto para su formación académica como para su futuro profesional.

PARTE I

Conceptos generales y fundamentos teóricos del análisis sensorial de alimentos

En la parte I del presente libro se ofrecen los conceptos generales del análisis sensorial, así como sus definiciones actuales, la importancia en el campo de la ciencia de los alimentos y las disciplinas relacionadas con la calidad sensorial y su valoración, a la vez que se hace una pequeña reseña histórica y se indican los potenciales usos del análisis sensorial en la industria.

Además, se incluyen fundamentos teóricos y leyes en las que se basa esta ciencia para así conocer la relación de los estímulos y las respuestas por parte de nuestros sentidos, los diferentes tipos de umbrales de percepción y la multitud de factores que influyen en el resultado de un análisis sensorial.

La importancia de esta disciplina es cada vez mayor debido a su repercusión en numerosos campos que actualmente tienen mucha relevancia: la industria alimentaria en constante cambio para elaborar alimentos con una mayor aceptación sensorial. Además, es imprescindible en la formulación de nuevos alimentos, en la obtención de nuevos ingredientes y en el desarrollo de alimentos funcionales más saludables, como también lo es en la gastronomía, en pleno auge en nuestro país y con numerosos chefs de mucho prestigio en todo el mundo, que introducen fórmulas innovadoras, con tecnologías culinarias novedosas, para proporcionar nuevas sensaciones con alimentos, con texturas diferentes y sabores nuevos. Por último, en el campo de la investigación, es cada vez más necesario el uso del análisis sensorial con el fin de conocer los atributos –que se definen como las características de los alimentos que son perceptibles por los receptores sensoriales publicadas como normas ISO (International Organization for Standardization 5492:2008) en la Asociación Española de Normalización y Certificación (AENOR, 2010)– más importantes que pueden cambiar en los nuevos alimentos o alimentos de otras culturas, que se van introduciendo en nuestras costumbres culinarias y que son investigados para conocer sus características nutritivas, y que siempre deben ser aceptadas por el consumidor.

Capítulo 1. El análisis sensorial

En el primer capítulo se hace una introducción sobre el significado y concepto del análisis sensorial, la calidad sensorial, el modo de efectuar esa valoración sensorial, los métodos de evaluación de la calidad sensorial y los antecedentes históricos, así como su aplicación con fines industriales. Se desarrollará con el siguiente índice:

1. **Concepto del análisis sensorial**
2. **Valoración sensorial**
3. **Antecedentes históricos**
4. **Usos del análisis sensorial**
5. **Degustación y pruebas sensoriales**

1. Concepto del análisis sensorial

Antes de empezar a profundizar en los contenidos de la presente obra, es oportuno establecer el concepto del análisis sensorial de alimentos. Existen muchas definiciones que se irán reflejando en este capítulo. Etimológicamente **sensorial** deriva del latín *sensus* que significa sentido. Pues bien, el *análisis sensorial* se define como la identificación, medida científica, análisis e interpretación de las propiedades de los alimentos tal y como son percibidos por los cinco sentidos que tiene el ser humano: vista, tacto, oído, olfato y gusto. Estos, en función del tipo de estímulo percibido, se clasifican en sentidos físicos y químicos.

Existen otras definiciones para esta técnica analítica, como las que se reflejan a continuación:

– El análisis sensorial de los alimentos se define como el análisis realizado a través de los sentidos (Anzaldúa-Morales, 1994).

– Conforme a la norma de la Asociación Española de Normalización (UNE), el análisis sensorial es el examen de las propiedades organolépticas de un producto, realizable con los sentidos (AENOR, 2010).

– También se define como "ciencia relacionada con la evaluación de los atributos organolépticos de un producto mediante los sentidos" (AENOR, 2017a). En este sentido, la evaluación sensorial también se ha definido como "la disciplina científica utilizada para evocar, medir, analizar e interpretar las reacciones a aquellas características de alimentos y otras sustancias, que son percibidas por los sentidos de la vista, olfato, gusto y oído" (Stone y Sidel, 2004).

El conjunto de atributos percibidos a través de los sentidos constituye la calidad sensorial de un alimento. La secuencia de la percepción se refleja con los números 1,2, 3, 4 y 5 que aparecen en la figura 1.

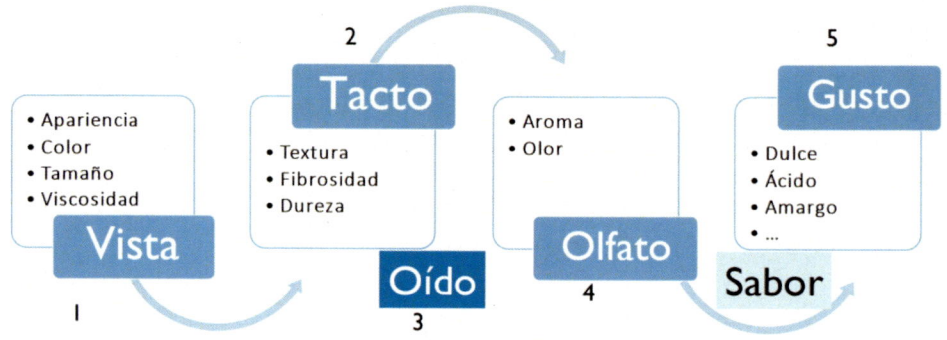

Figura 1. Calidad sensorial de un alimento. Conjunto de atributos apreciados por los sentidos.

Los *atributos* sensoriales se definen como las propiedades de los alimentos que se detectan por medio de los sentidos. Hay propiedades que se detectan solo por medio de un solo sentido, mientras que otras son apreciadas por dos o más sentidos.

Así, los atributos que se perciben gracias al sentido de la vista serán los relativos a la apariencia, como el color, la forma, el brillo, etc. Sin embargo, los atributos asociados al tacto serán las propiedades de la textura, tales como la dureza, fibrosidad, jugosidad o arenosidad, entre otras. Por otra parte, los atributos que aprecia el sentido del olfato son atributos de olor y aroma, el primero percibido por vía directa y el segundo por vía retronasal. Por último, los atributos y propiedades asociadas al sentido del gusto son los diferentes sabores como amargo, dulce, salado, ácido y umami, denominados "sabores básicos" porque no se han desarrollado atributos para otras sensaciones sápidas o gustativas, pero no significa que sean los únicos. Además, como se verá a lo largo del libro, existen otros conceptos como el "flavor", que es una asociación del sabor, olor y aroma que se ven influenciados por otras propiedades sensoriales del alimento. Asimismo, el oído participa en algunos atributos de textura, como con un alimento crujiente. Esta información puede obtenerse por vía aérea y por vía ósea, ya que el sonido se percibe por ambas vías.

La calidad sensorial depende de *factores intrínsecos* del propio alimento, como son sus componentes químicos, su estructura y elaboración; y de *factores extrínsecos*, como son las propias condiciones personales del individuo que degusta ese alimento, como la habilidad para ser catador, las condiciones fisiológicas y patológicas y las condiciones sociales y psicológicas (figura 2).

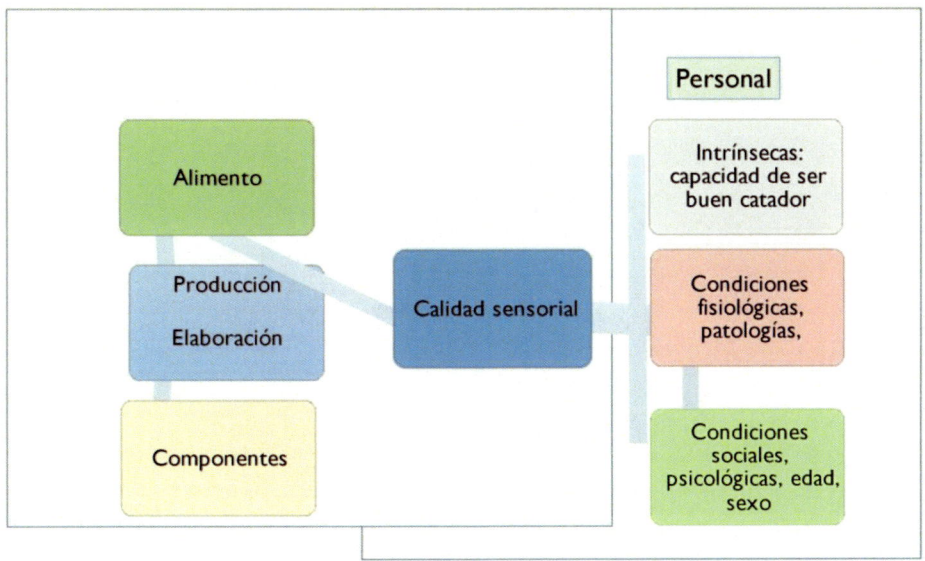

Figura 2. Factores que influyen en la calidad sensorial del alimento.

Hay que tener en cuenta que cada alimento tiene unos componentes químicos diferentes que serán los responsables de la calidad sensorial, es decir, de los atributos que se aprecian en la evaluación sensorial. Por eso, la percepción sensorial es tan variable en función de la composición del alimento: por ejemplo, los alimentos con un contenido elevado en agua serán jugosos o suculentos. En la figura 3 se reflejan algunos atributos sensoriales, así como los componentes responsables de los mismos. Por ejemplo, el agua y el almidón pueden contribuir en la textura de un alimento, o los pigmentos vegetales como las clorofilas, de color verde, o los antocianos, de color morado, son los que hacen que una verdura se perciba como verde o que una fruta, como la uva, sea morada También los carotenoides, otros pigmentos presentes en alimentos de origen vegetal o animal, son los responsables del color naranja, por ejemplo, de las zanahorias o de algunos crustáceos. En realidad, en sentido estricto, se percibe una longitud de onda que el cerebro interpreta como un color, como se explicará en el capítulo del sentido de la vista. En el sabor participan sustancias como azúcares, ácidos y alcaloides dando sabor dulce, ácido o sabor amargo, respectivamente, y en el olor son las sustancias volátiles las responsables (Gil, 2017).

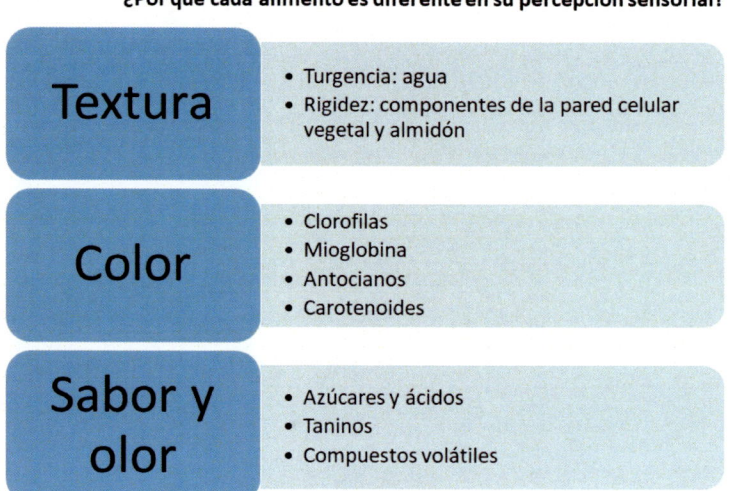

Figura 3. Algunos componentes químicos responsables de la calidad sensorial de los alimentos.

Dentro de la capacidad de detectar las características sensoriales que dependen de la persona, influyen las condiciones fisiológicas: el estado de salud, patologías o circunstancias especiales como embarazo, lactancia o el uso de medicamentos, que pueden alterar los sentidos; así como la edad y el sexo, que también pueden hacer variar la percepción sensorial al consumir un alimento. Además, las condiciones étnicas y sociológicas también influyen mucho en la apreciación sensorial, como es la cultura recibida, la situación social, el entorno geográfico, los alimentos habituales en nuestra gastronomía o incluso la religión. Y, por último, las condiciones psicológicas, el carácter de una persona o el estado de ánimo también hacen variar nuestra percepción sensorial y el rechazo o aceptación de un alimento.

Para evaluar la calidad sensorial de los alimentos se usan unas pruebas más subjetivas y otras más objetivas. Dentro de las primeras se encuentra la evaluación sensorial, que se refiere fundamentalmente a pruebas de degustación mediante personas que juzgan los atributos, que se denominan jueces. Estos catadores tendrán diferente denominación en función de su conocimiento y experiencia en análisis sensorial, se verá con más detalle en el capítulo 8. También se incluyen la denominada "cata de un alimento", que aborda los principales atributos que definen a un solo alimento. Estos son métodos de evaluación más subjetivos.

No obstante, en ocasiones es necesario realizar otro tipo de medidas, con instrumentos, para evaluar algún atributo cuyas diferencias no es capaz de detectar una persona: por ejemplo, el color, alguna propiedad de textura, detección de aromas, etc. En estos casos la evaluación es más objetiva y se suele correlacionar con la medida de análisis sensorial (figura 4).

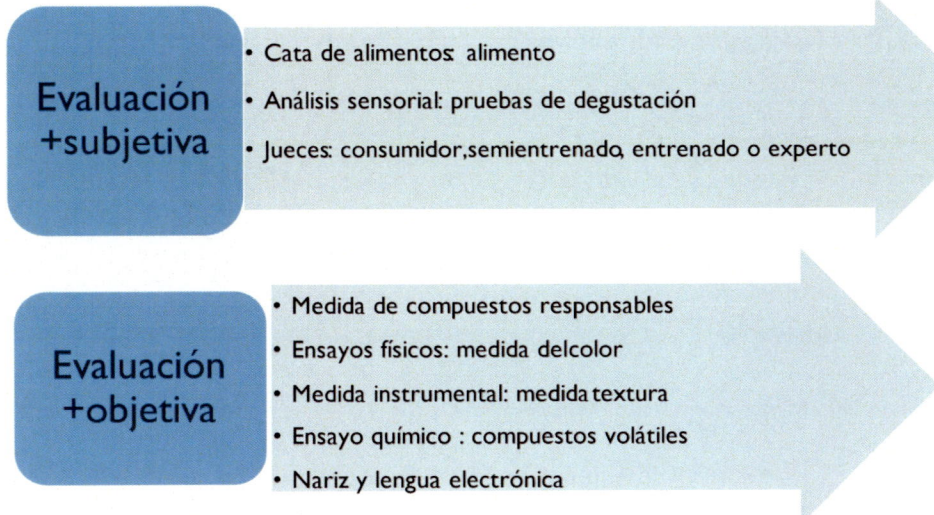

Evaluación +subjetiva

- Cata de alimentos: alimento
- Análisis sensorial: pruebas de degustación
- Jueces: consumidor, semientrenado, entrenado o experto

Evaluación +objetiva

- Medida de compuestos responsables
- Ensayos físicos: medida del color
- Medida instrumental: medida textura
- Ensayo químico : compuestos volátiles
- Nariz y lengua electrónica

Figura 4. Métodos de evaluación de la calidad sensorial de los alimentos.

2. Valoración sensorial

La valoración sensorial es el proceso que se realiza de forma inconsciente desde la infancia y va educando a las sensaciones sensoriales, de forma que llevan a una persona a rechazar o aceptar alimentos en función de las sensaciones percibidas al ingerirlos (figura 5). Hay que conocer la diferencia entre "sensación" y "percepción". La primera es la respuesta fisiológica y la segunda es el proceso psicológico. En el análisis sensorial, el entrenamiento de los jueces tiene como finalidad "aprender a procesar psicológicamente las sensaciones".

Las razones que motivan este rechazo o aceptación del consumidor debido a las sensaciones sensoriales dependen de varios factores, como la persona, la edad, el entorno, el clima, la cultura, las costumbres, etc. Desde la infancia se produce una aceptación de unos alimentos frente a otros por el color homogéneo, por su sabor dulce, por la textura... Inconscientemente la valoración sensorial irá variando a lo largo de la vida, influida por el entorno, educación y otros factores. De ahí que, para obtener con un análisis sensorial datos consistentes y objetivos fiables con apreciaciones subjetivas se deban realizar las preguntas de forma adecuada, seleccionando correctamente a los consumidores y jueces, y por supuesto con un número suficiente y necesario.

Además, el proceso psicológico (la percepción) está condicionado por múltiples factores, es muy complejo y en muchas ocasiones las respuestas de los sentidos se van a solapar. Por ese motivo, son necesarios entrenamientos de los jueces para realizar un análisis sensorial de forma correcta y adecuada.

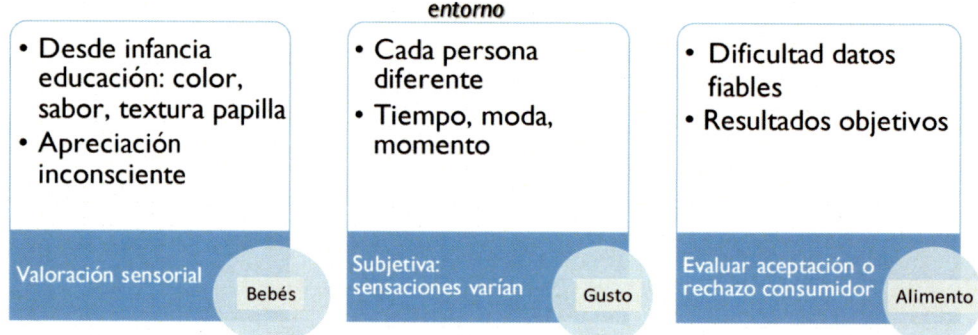

Figura 5. Significado de la valoración sensorial

Debido a la complejidad de la valoración sensorial, la industria alimentaria, que tiene que adaptarse a la demanda del consumidor para vender sus productos, necesita conocer el juicio crítico de los consumidores ante un producto concreto. Para esto, el análisis sensorial es una herramienta muy importante, ya que proporciona información sobre las cualidades sensoriales, permitiendo conocer y valorar los atributos fundamentales de la calidad sensorial de un alimento y la repercusión de los cambios de sus ingredientes y/o en su forma de transformar o elaborar (figura 6).

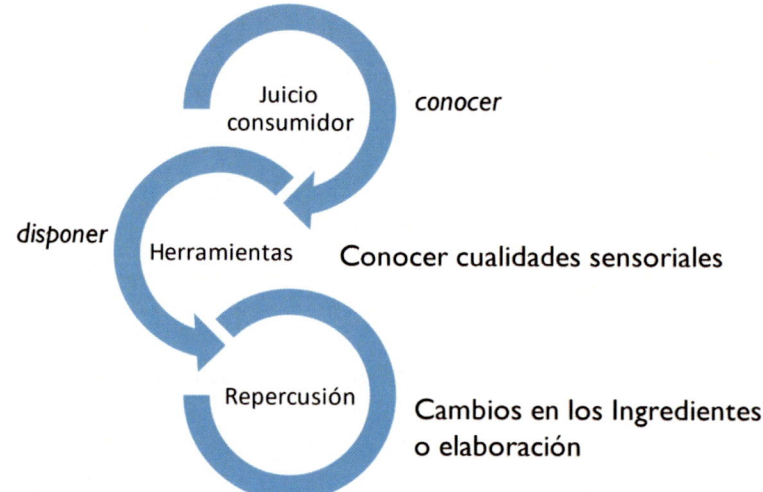

Figura 6. Adaptación de la industria alimentaria a la demanda del consumidor

Por este motivo, en las técnicas de control de calidad de productos alimenticios, además de incluir los métodos clásicos como análisis químicos, físicos y microbiológicos, actualmente se realiza un análisis sensorial de los atributos más característicos. Este tipo de análisis se considera fiable y reproducible, y sus resultados y conclusiones son datos cuantificables y objetivos, siempre que se lleven a cabo en las condiciones adecuadas y mediante unas pruebas normalizadas. En este sentido existe un consenso sobre cómo se deben hacer las pruebas y los requisitos y la normativa que se debe exigir para que sea considerado un método científico.

Así y desde hace años, es tal la importancia de este análisis sensorial que existe una **A**sociación **E**spañola de **P**rofesionales del **A**nálisis **S**ensorial (AEPAS) que organiza congresos y cursos, y tienen su página web (www.aepas.es) con contenidos actualizados. Está asociada a la red europea *European Sensory Science Society* (E3S) con una web (www.e3sensory.eu) y otra organización internacional ESN: European Sensory Network con su página web (www.esn-network.com).

3. Antecedentes históricos

El análisis sensorial ha ido evolucionando con el tiempo, pasando por una serie de etapas (figura 7). Desde la Antigüedad, el hombre ha sabido reconocer y apreciar los alimentos de acuerdo con las sensaciones experimentadas al observarlos o ingerirlos. En la época clásica se conocían las figuras de *aedeatros* (Grecia clásica) y *praegustator* (Roma antigua). Eran funcionarios de la nobleza que realizaban el control de calidad de los alimentos usando sus sentidos y su propia experiencia en la vida. Algunos alimentos se elegían por sus mejores cualidades sensoriales; así, en la cuenca mediterránea eran muy apreciados y se comerciaban bien y más costosos algunos productos como el aceite de oliva de Andalucía (Al andalus), el vino dulzón de la isla de Lesbos o las ostras de Tarento. Posteriormente, en el siglo XVIII se empezó a comercializar el vino en Francia fijando su precio en función de la calidad que apreciaba un catador; esta sería una primera etapa, considerada como la prehistoria del análisis sensorial. En el siglo XIX comienza a surgir el término de calidad en la industria agroalimentaria, aunque desde un punto de vista más subjetivo (Sancho, Bota y de Castro, 1999). A principios del siglo XX, se emplea el análisis sensorial por parte de la industria láctea norteamericana. Además de las normas de calidad química y microbiológica para productos como la leche, la mantequilla y el queso, se fijan los requisitos organolépticos de los mismos. En algunas universidades, en las que se imparten estudios agronómicos, se realizan los primeros "concursos de catas" de productos lácteos.

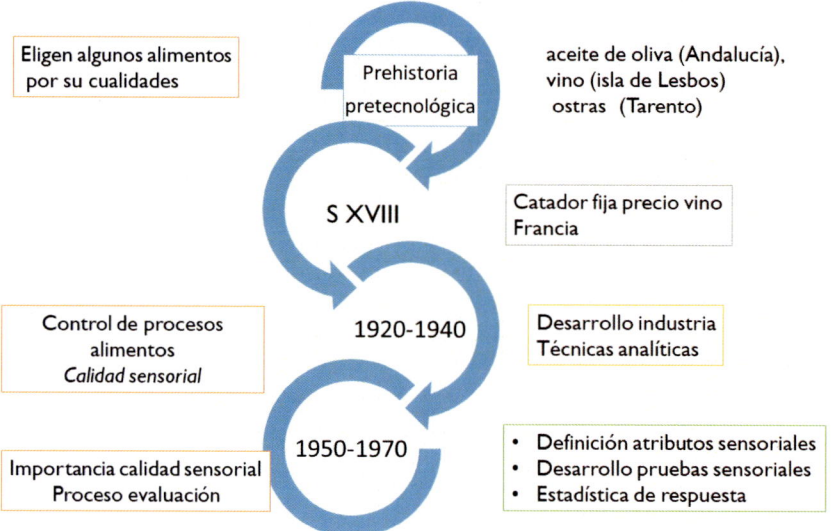

Figura 7. Desarrollo histórico del análisis sensorial

Es a partir del año 1940, en esta década, cuando el análisis sensorial recibe un impulso por parte del ejército norteamericano, ya que la ración de combate no solo debe ser nutritiva, sino aceptable desde el punto de vista organoléptico. Posteriormente, y entre los años 1950 y 1960, se usa como herramienta por parte de la NASA (National Aeronautics and Space Administration) para mejorar las raciones de los vuelos espaciales. Sus investigaciones han sido cruciales para el desarrollo de la "gastronomía de los vuelos trasatlánticos". Además, con la evolución de la ciencia, el desarrollo de técnicas analíticas, las tecnologías de producción de alimentos y el progreso de la sociedad humana tienen lugar los primeros intentos por determinar la calidad del producto final, mediante estudios sobre su composición química, y sus características físicas y microbiológicas (Sancho *et al.*, 1999). En este sentido, se empezó a cuestionar la correlación que existía entre las determinaciones instrumentales y sensoriales, considerando que las diferencias se debían a la escasa fiabilidad que conlleva la evaluación sensorial debido a la subjetividad inherente al instrumento de medida utilizado, como es el ser humano (Ibáñez y Barcina, 2000).

Posteriormente, entre los años 1950 y 1970, surge la necesidad de obtener una información más exhaustiva que asegure la calidad nutricional, tecnológica y toxicológica de los alimentos y su aceptación por parte de los consumidores. Es entonces cuando se empiezan a definir los atributos sensoriales y a estudiar la utilidad de los distintos tipos de pruebas y test sensoriales, así como el tratamiento estadístico de los resultados obtenidos (Costell y Durán, 1981) (figura 7).

A partir de 1970, tiene lugar una última etapa que destacó por la modificación del concepto clásico de calidad sensorial y comenzó a definirse como una materia compleja que incluye varias disciplinas como la psicología, fisiología, la estadística y la sociología (Sancho et al., 1999). El análisis sensorial trata de la percepción humana ante ciertos estímulos procedentes del alimento (Costell y Durán, 1981). Sin embargo, fueron los avances en la metodología del análisis sensorial los que permitieron su reconocimiento y aceptación como una disciplina científica en el ámbito de la industria alimentaria (Ibáñez y Barcina, 2000). Desde ese momento, se ha extendido gradualmente en diferentes industrias, principalmente en la alimentaria, aunque también se ha aplicado para estudios de cosmética, en la industria farmacéutica y en universidades y centros de investigación (Guerrero, 2002).

En la actualidad, siglo XXI, el concepto de análisis sensorial es más amplio; su evaluación se hace contando con bases fisiológicas y psicológicas, con unos jueces entrenados y en ocasiones con la ayuda de métodos instrumentales que correlacionan con los resultados de la evaluación sensorial, principalmente en atributos como el color y la textura (figura 8).

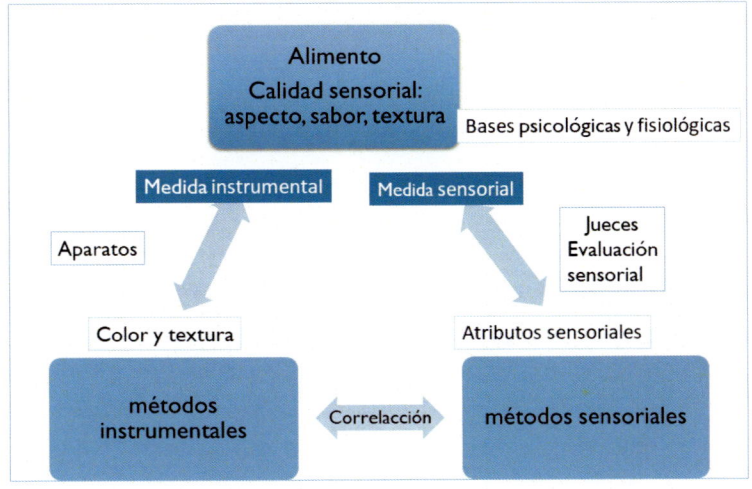

Figura 8. Calidad sensorial en la actualidad

En este sentido, el significado del análisis sensorial se puede ampliar a "un conjunto de técnicas de medida y evaluación de un producto alimenticio mediante los sentidos, siendo un análisis científico y obteniendo datos fiables, precisos, reproducibles, cuantificables y objetivables" (figura 9). Esto es objetivar lo que es subjetivo, teniendo en cuenta que en la valoración sensorial por parte del catador intervienen los factores individuales indicados anteriormente.

No obstante, el desarrollo y aplicación de pruebas reguladas por normas de estandarización, como las Normas ISO y UNE, convierte al análisis sensorial en una herramienta de gran utilidad y diversas aplicaciones (AENOR, 2019).

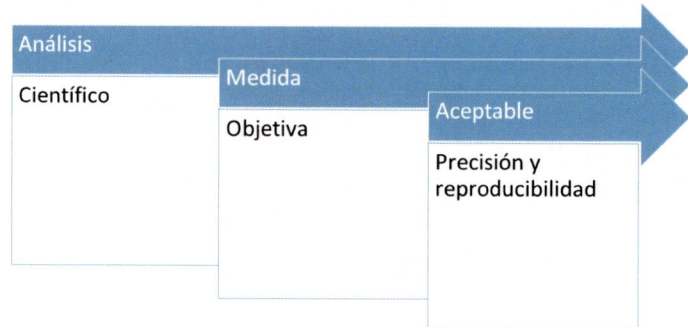

Tendencias de investigación en estudios de consumidores

Figura 9. Análisis sensorial en proyectos y artículos de nuevos alimentos.

4. Usos del análisis sensorial

El análisis sensorial desempeña un papel de gran importancia en el proceso de elaboración y desarrollo de alimentos para controlar su calidad sensorial, estandarizar los productos y marcar diferencias de categorías de calidad, además de conocer la aceptación por parte del consumidor.

La evaluación sensorial constituye una herramienta moderna y muy aplicada en diferentes campos, siendo fundamental en la industria alimentaria (figura 10). El análisis sensorial no solo se usa para el control de calidad, sino además para estudios de investigación, desarrollo e innovación (I+d+i); es decir, para formular y desarrollar productos nuevos, con cambios en sus ingredientes o en la elaboración o conservación. Además, son muy útiles también en estudios de mercado con el fin de observar la opinión de los consumidores. Es importante el control de los alimentos que se aceptan o rechazan. Además, los productos que se están generando, por ejemplo, con productos vegetales para elaborar alimentos similares a las hamburguesas, necesitan tener esta evaluación sensorial para conocer si van a ser aceptados por el consumidor.

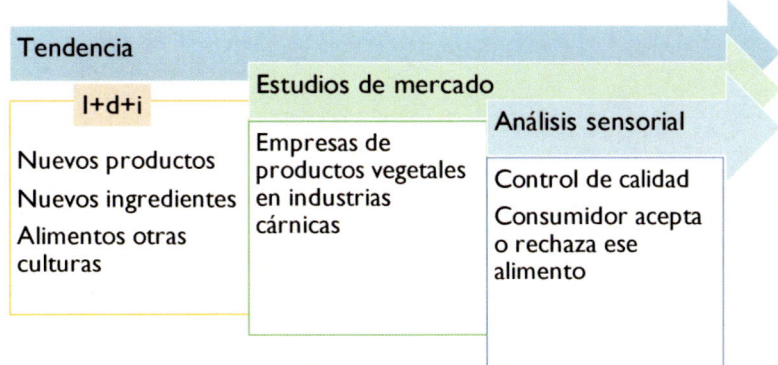

Figura 10. Importancia del análisis sensorial en la industria alimentaria.

Por otra parte, en el campo de la gastronomía, con nuevas tecnologías para elaborar alimentos, es necesario realizar evaluaciones sensoriales de los productos generados.

Por último, hay que señalar una tendencia ascendente del uso del análisis sensorial en proyectos de investigación y en publicaciones científicas, ya que es cada vez más imprescindible, principalmente en líneas de nuevos ingredientes y alimentos, en alimentos funcionales y en alimentos elaborados con materia prima procedente de otras culturas, como por ejemplo en derivados de harinas al que se adiciona insectos (Aguilera, Pastrana, Rebollo-Hernanz, Benitez, Álvarez-Rivera, Viejo y Martín-Cabrejas, 2021).

Según las normas ISO y AENOR (figura 11), existe una definición global de calidad de un producto que incluye el conjunto de características y propiedades sensoriales, lo que sitúa al análisis sensorial dentro del control de calidad de los alimentos y no solo en el producto final, sino en la materia prima y durante el proceso de elaboración.

Los usos del análisis sensorial en la industria alimentaria se pueden agrupan en tres tipos en función del objetivo del análisis (figura 12). Por una parte, están los de *control de calidad* de la materia prima y del proceso de elaboración; por otra, el *control del producto final*; y, por último, el *control del mercado* y aceptación del consumidor. Según el objetivo del análisis se procederá a realizar el método más adecuado entre los que se encuentran las pruebas descriptivas, las pruebas discriminativas y las pruebas de aceptación, que se detallarán en el capítulo 9 y 10.

Figura 11. Campo de aplicación del análisis sensorial según Normas ISO y AENOR.

	Campo	Problema
Análisis de Calidad	**Control de materia prima y proceso de elaboración:** Pruebas descriptivas	• *Materia prima* sobre calidad sensorial
		• Cambios de **ingredientes** sobre calidad sensorial
		• Cambios en el *proceso* sobre calidad sensorial
	Control del Producto final: Pruebas discriminativas	• **Conformidad del producto respecto al nivel de calidad preestablecido**
		• Límites entre *grados de calidad*
		• *Almacenamiento* sobre la calidad sensorial • Estudios de vida útil
		• Valoración de la *contaminación* potencial
Análisis de Aceptación ♥	**Control de mercados:** Pruebas de preferencia	• Estudios del *grado de aceptación* del producto y comparativos con otros productos de la competencia
		• Evolución del *gusto* del consumidor

Figura 12. Usos del análisis sensorial en el control de calidad de los alimentos.

A continuación, según Carpenter, Lyon y Hasdell (2002) se exponen algunos ejemplos de usos del análisis sensorial en la industria alimentaria:

1) *Calidad de un producto* con unas condiciones que demanda el comprador, como un color, sabor, olor y textura determinados que se especifican en un documento comercial. La industria debe atender estos requisitos y hacer las pruebas sensoriales para ello y que el producto se ajuste al rango

de calidad especificado. Se utilizan pruebas descriptivas mediante escalas que califiquen el producto. Estas escalas pueden ser cualitativas o cuantitativas.

2) *Calidad modificada por cambios de ingredientes o de elaboración.* Cuando en la elaboración de un producto es necesario un cambio de ingredientes o del proceso, puede impactar en su calidad sensorial. Para ello, se suelen hacer pruebas discriminativas, descriptivas y afectivas. Por ejemplo, si se cambia en un producto elaborado, como unas legumbres cocinadas, y se envasan en un recipiente para calentar y listo en lugar de conserva en lata, se tendrán que contestar a cuestiones como *si se producen diferencias apreciables entre ambas recetas*, mediante pruebas discriminativas; o *cómo afectan estos cambios en la calidad sensorial* con pruebas descriptivas como un perfil sensorial; o *si cambia el grado de aceptación del consumidor* mediante pruebas afectivas.

3) *Calidad de la categoría del producto final.* El análisis sensorial se suele usar para distinguir los rangos de calidad de algunos productos cuando se elaboran en la misma industria. Pueden existir varios grados de calidad. Por ejemplo, el turrón de Jijona y el de Alicante tienen denominación de calidad diferenciada, pero hay categorías, suprema y extra, que difirieren en el contenido mínimo de almendra, entre otros parámetros. Se hacen pruebas discriminativas para comprobar si hay o no diferencias apreciables entre ambas categorías.

4) *Ajuste del producto.* En ocasiones se quieren comparar las propiedades sensoriales del producto final con la marca que lidera el mercado y se quiere ajustar para que sea similar y así tener más éxito de ventas. En este caso, se utilizan las pruebas descriptivas. Se procederá planificando bien el objetivo, viendo cuáles son los atributos más característicos del producto y a continuación eligiendo algunos, de forma que se comparan respecto al estándar que quiere asemejarse.

5) *Estudios de vida útil.* Para conocer el tiempo de almacenamiento, con una calidad aceptable, la industria deberá hacer estudios de vida útil mediante análisis de calidad nutritiva y toxicológica, pero también sensorial. Se suelen utilizan ensayos discriminativos para comprobar diferencias respecto a un control, para poder fijar una fecha de consumo preferente en productos envasados. Para ello, se deber verificar si hay cambios apreciables en la calidad sensorial durante el almacenamiento. y si se producen modificaciones, si estas son aceptables. Se llevan a cabo mediante pruebas discriminativas, para comprobar si hay diferencias significativas

entre productos almacenados. Existen empresas que se dedican a determinar este tiempo de vida útil de los alimentos.

6) *Contaminación potencial.* El análisis sensorial es una herramienta muy útil porque en ocasiones puede detectar la primera señal de contaminación, por eso es importante utilizarlo para conocer potenciales cambios que afecten a su calidad, que pueden ser simplemente por tener un olor o un sabor o color extraño o indeseable; no tienen por qué ser una contaminación peligrosa para la salud, pero sí para que haya reclamaciones de consumidores con pérdida de confianza de la marca. Para ello se hacen pruebas discriminativas. Por ejemplo, en una industria donde se elaboran tortillitas de maíz, pero también su relleno que puede ser con cebolla entre sus ingredientes, y este olor penetrante de las cebollas se incluyera en la masa de las tortillas, si se vende de forma aislada puede tener un olor anómalo y perder su calidad sensorial. También un análisis sensorial puede identificar que exista un contaminante y que este conlleve riesgos sanitarios; si hay productos de limpieza en las superficies o restos de plásticos o restos orgánicos, esto sería ya una alerta sanitaria.

Además de todas las aplicaciones y usos del análisis sensorial detallados anteriormente, el análisis sensorial se considera una herramienta fundamental en investigación, en el diseño y avance de nuevos productos alimenticios, con unos resultados precisos y reproducibles (Carpenter *et al.*, 2002). Tiene múltiples aplicaciones, que se ven reflejadas en varios artículos científicos, como, por ejemplo, el estudio sensorial de fuentes de proteínas alternativas a los alimentos de origen animal (Vital, Bassinello, Cruz, Carvalho, de Paiva, Colombo, 2018; Van der Weele, Feindt, Jan van der Goot, van Mierlo, van Boekel, 2019), así como la adición de productos lácteos a panes de trigo (Graça, Raymundo y Sousa, 2019). También se puede utilizar para medir de qué forma repercute la optimización de las condiciones del proceso en la calidad y aceptabilidad de un alimento (Ribeiro, Magliano, Costa, Bezerra, Silva y Maciel, 2019). Por otra parte, el análisis sensorial evalúa el efecto que puede tener la incorporación de ingredientes funcionales sobre los atributos de un producto (Grahl, Strack, Weinrich y Morlein, 2018). Como se observa, la utilidad del análisis sensorial es muy variada para diferentes objetivos en multitud de productos.

5. Degustación y pruebas sensoriales

El análisis sensorial se lleva cabo a través de pruebas sensoriales, basadas en el uso de uno o varios receptores sensoriales como instrumento de evaluación; es decir, probando el alimento o bebida mediante una degustación. La degustación de un alimento es probarlo con el fin de apreciar sus atributos sensoriales de forma consciente y verbalizar, de forma oral o escrita, las sensaciones que se perciben. Generalmente la valoración es subjetiva en función del recuerdo que se tenga de ese tipo de alimento. *Degustar* es sinónimo de *catar*, *saborear* o probar un alimento o bebida para apreciar la calidad. La palabra *cata* en griego significa *prueba*. También la palabra *tastar* es catar en catalán, y es similar al verbo en inglés *to taste* que es probar.

Según el objetivo de la evaluación habrá pruebas que sean más analíticas y necesiten de personas entrenadas, jueces que puedan analizar, describir, definir atributos y ser capaces de realizar una valoración mediante *pruebas descriptivas* y de cuantificar la intensidad del atributo evaluado. Otras, sin embargo, están más orientadas a conocer las diferencias de los atributos más característicos de un producto, a comprender sus distintas cualidades comerciales y averiguar su grado de calidad: serán *pruebas discriminativas*. La discriminación puede ser global, si se distinguen dos o más productos, o específica, atendiendo a una característica concreta. Por último, las *pruebas afectivas* están enfocadas a conocer si al consumidor un alimento o bebida le agrada o lo rechaza.

De las aplicaciones vistas en el apartado anterior se suelen usar *pruebas descriptivas*, que son las más complejas, para controlar tanto la materia prima y la elaboración, como cambios de ingredientes y/o del proceso. Sin embargo, para controlar el producto final, su calidad final, sus límites entre grados de calidad, estudios de vida útil y potencial contaminación, se utilizan *pruebas discriminativas*, aunque en algunas ocasiones se podrían usar descriptivas. Por otro lado, para realizar estudios de mercado y de aceptación de productos respecto a otros de la competencia, se usan *pruebas afectivas*, de aceptación o preferencia, para conocer el gusto del consumidor.

La persona que realiza una prueba o una cata se le denomina catador o juez, y en el campo del análisis sensorial se denominan jueces de cata. Esto se explicará en el capítulo 8.

Por último, hay que señalar que el campo del análisis sensorial tiene asociadas muchas disciplinas científicas indispensables para tener un conocimiento amplio de su significado, de cómo deben realizarse la evaluación sensorial y sus posibles errores y para saber y conocer las leyes y teorías en las que se basan las pruebas sensoriales. Las áreas relacionadas, aunque se explicarán a lo largo de los demás capítulos, son las siguientes: estadística, psicofisiología, fisiología, psicología y sociología; como se refleja en la figura 13, donde se indica algún ejemplo de aplicación que se explicará a lo largo del siguiente capítulo.

Figura 13. Áreas científicas relacionadas con el análisis sensorial

RESUMEN

En este primer capítulo se ha realizado una revisión sobre el concepto y definiciones del análisis sensorial y se ha reseñado su evolución histórica hasta ser considerado un análisis científico.

Es importante destacar que el análisis sensorial es subjetivo y que para que sea válido habrá que llevarlo a cabo con una serie de normas. Asimismo, en función del objetivo que se persiga, se hará un tipo u otro de prueba y, dependiendo del tipo de metodología sensorial, lo deberán realizar jueces más o menos entrenados. También las aplicaciones son muy variadas: en diferentes campos de investigación, desarrollo e innovación de las empresas, en la elaboración de nuevos alimentos, en gastronomía, pero además en investigación científica sobre alimentos. Además, en la industria se usa el análisis sensorial cada vez más, como control de calidad, no solo de calidad sensorial.

En el siguiente capítulo se tratarán los fundamentos teóricos y las leyes que están relacionadas con la disciplina del análisis sensorial.

Capítulo 2. Fundamentos teóricos del análisis sensorial

En este capítulo se reflejan los fundamentos teóricos en los que se basa la percepción sensorial. El proceso sensorial se inicia por un estímulo, físico o químico, que capta un receptor sensorial de alguno de los sentidos, produciendo una respuesta que el cerebro interpreta como una percepción sensorial. Existen varias leyes psicofisiológicas que se han propuesto para explicar la relación entre estímulos y respuestas. Además, se definen diferentes tipos de umbrales de percepción y, por último, los factores que afectan a los resultados sensoriales. El objetivo principal de este capítulo es conocer la importancia de la toma de conciencia sensorial y trasmitirla. Se seguirá el siguiente índice:

1. **El proceso sensorial**
2. **Relaciones entre estímulo y respuesta**
3. **Ley de Weber y ley de Fechner**
4. **Ley de Stevens**
5. **Umbral de percepción: definición, clases y determinación**
6. **Percepción sensorial de alimentos**
7. **Factores que afectan los resultados sensoriales**
   7.1. **Factores individuales**
   7.2. **Factores psicológicos**
   7.3. **Personalidad y actitud**

1. El proceso sensorial

El proceso sensorial se inicia por la presencia de un *estímulo*, físico o químico, que actúa sobre un *receptor* sensorial provocando una respuesta en el cerebro (figura 14). Según la norma UNE (AENOR, 2010), se define *estímulo* como el agente químico o físico que produce la *respuesta* o sensación de los *receptores sensoriales* externos o internos, y la *percepción* es la interpretación de la *sensación* percibida, es decir, la toma de conciencia sensorial, que es muy importante.

Por ejemplo, el ojo es un elemento receptor de un estímulo luminoso y el impulso nervioso creado por el receptor se transmite por el sistema nervioso al cerebro que lo *interpreta*, eso es la toma de conciencia sensorial.

Figura 14. Fases que se desencadenan durante el proceso de la evaluación sensorial.

Cada órgano o receptor sensorial (figura 15), que forma parte de los sentidos, está especializado en recibir una clase de estímulo. El receptor suele tener múltiples células receptoras sensibles al estímulo, que son específicas de cada órgano. La respuesta se procesa en el cerebro. La calidad de la percepción, es decir, la sensación sensorial, dependerá de la calidad del nervio que estimula.

Figura 15. Receptor sensorial.

Los estímulos pueden ser de seis tipos y cada uno tendrá un receptor sensorial diferente causando una respuesta o sensación:

- Luminoso (luz), y el receptor es el ojo humano siendo la respuesta la visión de la apariencia o del color.

- Acústico (onda sonora), apreciado por el oído y la respuesta es un sonido.

- Mecánico (presión), en este caso el receptor son las terminaciones nerviosas de la piel y boca, la respuesta será apreciar la textura.

- Químico (sustancia odorífica o sustancia sápida), los receptores son la nariz y boca, la respuesta es el olor y aroma, gusto y sabor. En este grupo se incluyen las sensaciones trigeminales, las sensaciones irritantes que se perciben en la cavidad oral y faríngea.

- Térmico (temperatura), se aprecia por las terminaciones nerviosas de la piel, como el tacto. Además, dentro de estas, también se incluyen las sensaciones térmicas que no se refieren a la temperatura del alimento, sino a la sensación fresca o cálida que produce al consumirlo y que se perciben por la boca.

- Eléctricos, en las sensaciones sensoriales no tienen importancia, se aprecian en las terminaciones nerviosas de la piel y pueden causar dolor.

Los estímulos luminoso, acústico y mecánico son *estímulos físicos* y los térmicos y eléctricos son *somatosensoriales*. Los estímulos se pueden cuantificar mediante métodos físicos o químicos. Sin embargo, las respuestas que producen se miden experimentalmente con métodos psicológicos y, por tanto, son más subjetivas (Cordero-Bueso, 2017).

Cada estímulo dará lugar a una sensación, caracterizada por la calidad, intensidad o magnitud, extensión y duración del estímulo, provocando una percepción de agrado o de rechazo (figura 16).

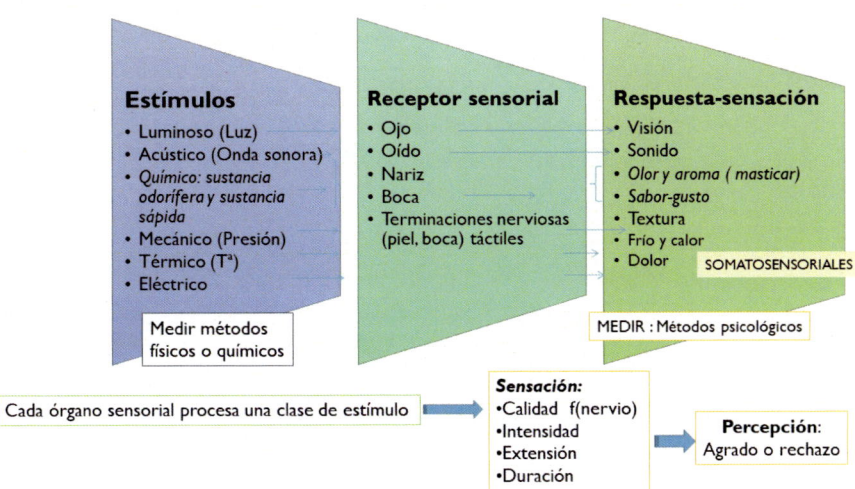

Figura 16. Proceso sensorial. Estímulos, receptores y respuestas.

2. Relaciones entre estímulo y respuesta

Las relaciones entre el *estímulo* y su *respuesta* se estudian por una ciencia denominada psicofísica, y en este contexto siempre se parte de la existencia de una variable física o química, medible cuantitativamente, denominada "continuo físico" (*estímulo*) (Sancho *et al.*, 1999). Por ejemplo, la intensidad de sabor dulce de una disolución de sacarosa es un estímulo químico cuya intensidad se puede cuantificar estableciendo una escala arbitraria. Este estímulo produce una *respuesta* que está relacionada con el denominado "continuo psicológico" y que se mide con medidas experimentales.

Como "continuo" se entiende a una serie de hechos estrechamente consecutivos que en conjunto se pueden representar en una línea recta y que discurre en una sola dirección. En realidad, las medidas experimentales son solo algunos puntos de la recta y no corresponden a un continuo verdadero siendo este estrictamente teórico. Se asignan valores numéricos a estos "continuos" de forma que se obtienen una *escala de valores* (figura 17).

Figura 17. Relación estímulo-respuesta.

Si se representa gráficamente, la relación de estímulos (S) y respuestas (R) (figura 18), se observa que el S continuo será la línea inferior, que se extiende desde el cero a un valor alto indefinido; la línea superior representa el continuo de R más corto, aunque se prolonga con una serie de puntos discontinuos como ocurre en el inicio de la recta. Estas zonas discontinuas son denominadas de *transición*, es decir, que con un mismo estímulo las respuestas han dado medidas diferentes según el individuo. Esto ocurrirá cuando el estímulo es muy pequeño o elevado, creando incertidumbre en la respuesta: por ejemplo, el sonido de una campana muy intenso o un fogonazo de luz, o por el contrario una música muy suave o el canto de los pájaros en un bosque. Por tanto, la misma cantidad de estímulo en unas ocasiones produce respuesta y otras no. Por otro lado, las respuestas a veces tienen una relación lógica con el estímulo, siguiendo una linealidad con el valor de este, pero otras no, ya que a veces un mayor estímulo provoca una respuesta menor inesperada como se puede observar en la figura 18.

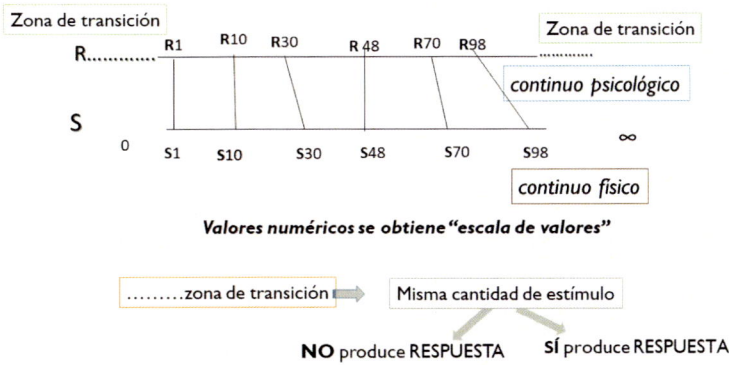

Figura 18. Relación gráfica de estímulos (S) y respuestas (R).

Desde un punto de vista científico, ¿cómo se puede relacionar un estímulo con su respuesta?. En los siguientes apartados se proporcionan las posibles respuestas.

3. Ley de Weber y ley de Fechner

Las leyes de Weber y de Fechner describen la relación entre la magnitud del estímulo y la intensidad percibida. Ambos científicos, Weber y Fechner, sugirieron que las señales que crean los estímulos se procesan en el sistema nervioso central, independientemente del tipo que sean. La ley de Weber propone que lo que percibimos los seres humanos son cambios relativos de la magnitud de los estímulos y lo asocia con el umbral de detección; mientras que Fechner relaciona la respuesta de una variación de estímulos mediante una función logarítmica, es decir, que la relación respuesta y estímulo es una curva asintótica. Demostraron que existe una correlación entre un camio perceptible del estímulo y la respuesta biológica. Las leyes Weber y Fechner, en ocasiones mencionada como única ley Weber-Fechner, dieron lugar a un nuevo campo de la ciencia, la psicofísica, y se utilizaron para abordar los problemas relacionados con la percepción humana de los estímulos, tales como la luz, el sonido, el sabor, el olor, el calor, etc. (Kolasińskaska, Dymerski, NamieśNik, 2015).

La primera ley experimental fue obra de un fisiólogo alemán, Ernst Heinrich Weber, que vivió a finales del siglo XVIII y principios del siglo XIX. Este científico comprobó que, para que un individuo reconozca como diferentes dos estímulos, que llamó S1 y S2, el 50% de las veces se necesita una diferencia de intensidad entre los estímulos, que denominó ΔS; de modo que el cociente entre ΔS y S es siempre una constante.

Pongamos un ejemplo para ilustrar la ley (figura 19). Si tenemos un peso de un kilo de legumbres (S=1000 gramos), ¿qué cantidad debemos añadir (ΔS) para detectar un incremento de peso?. Para estimar este aumento, se van añadiendo cantidades crecientes de legumbres, y no se detecta una respuesta diferente de peso hasta que se añaden 100 gramos (ΔS) a esos 1000 gramos. Por tanto, esos 100 gramos son el incremento de peso que necesitamos para detectar una diferencia en la respuesta. Ese incremento dividido entre el peso (ΔP/P) nos da una constante K, que en este caso sería 0,1 (K= ΔS/S = 100 gramos /1000 gramos= 0,1), que es la que se tiene que mantener para que se obtengan respuestas diferentes de peso en el ejemplo de las legumbres. Es decir, si tenemos 100 gramos debemos añadir 10 gramos para detectar una respuesta diferente (K= 0,1).

Por tanto, todo estímulo requiere que se aumente en una proporción constante de su magnitud para que el individuo perciba un cambio de sensación. En realidad, lo que se aprecia en un análisis sensorial es un cambio relativo, no valores absolutos. Luego, la ley de Weber formula que la diferencia entre dos estímulos (ΔS) que sea capaz de producir un cambio en la respuesta es directamente proporcional a la S (intensidad del estímulo):

$$\Delta S= K.S$$

siendo ΔS: diferencia de estímulos, S: intensidad del estímulo, K: constante de Weber

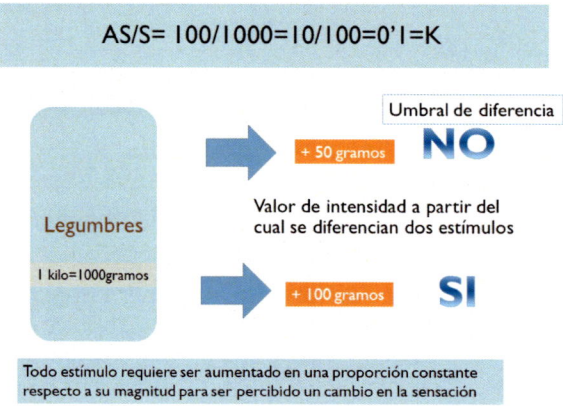

Figura 19. Valores experimentales para conocer la constante de Weber (K).

Esta diferencia de estímulos (ΔS) necesaria para producir una *diferencia mínima de percepción* se denomina *umbral de diferencia* y es directamente proporcional a la intensidad del estímulo (S).

Representando gráficamente (figura 20) los valores de ΔS en el eje *y* y los valores de S en el *eje x,* será una línea recta, cuya pendiente será denominada la constante de Weber **K.**

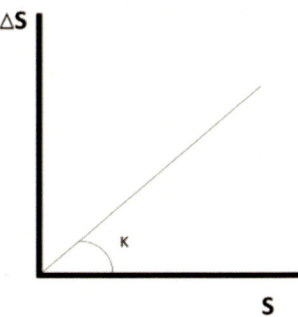

Figura 20. Representación gráfica de la ley de Weber, siendo S estímulo, ΔS la diferencia entre estímulos y K es la constante de Weber.

La ley de Fechner, que puede considerarse derivada de la ley de Weber, establece que hay una proporcionalidad entre el incremento de estímulo **ΔS** y el incremento de respuesta **ΔR**. Esta proporcionalidad entre estímulos y respuestas, ya mencionada en el proceso sensorial, no tiene una relación lineal, sino asintótica logarítmica; pero sí se cumple, como es lógico, que a mayor estímulo -S- mayor respuesta -R- y al revés. Ahora la relación aritmética se demostrará con esta nueva ley.

Esta ley fue desarrollada por un psicólogo alemán, Gustav Theodor Fechner, a principios del siglo XIX y se rige por la siguiente fórmula:

$$dR = C. \, dS/S$$

siendo dR la diferencial de respuestas, incrementos infinitamente pequeños de respuestas; dS incrementos infinitamente pequeños de estímulos; dS/S el incremento relativo de estímulos; y C una constante de proporcionalidad.

Considerando que las respuestas son la suma de las dR desde 0 hasta R, cualquier valor y si se integra la ecuación anterior quedaría:

$$\int dR = \int C \, dS/S$$

siendo $\int dS/S$ = logaritmo neperiano de S= lnS

Finalmente, la relación quedaría R= C. lnS+ A, que es la ecuación de una recta que se puede representar gráficamente (figura 21). R serán las respuestas con valores entre 0 y R en el eje *y;* y logaritmo neperiano *lnS* se representa en eje *x.* **C** es la constante de proporcionalidad y la pendiente de una recta y *A= R₀* será el valor de respuesta nula. Por tanto, según la ley de Fechner la respuesta –R- es directamente proporcional al logaritmo neperiano del estímulo –lnS-, siendo **S₀** el estímulo mínimo necesario para originar una sensación perceptible que se denomina umbral *absoluto* y siempre es un número positivo ya que:

$$\ln S_{0 =X} \text{ y por lo tanto } S_0 = e^X$$

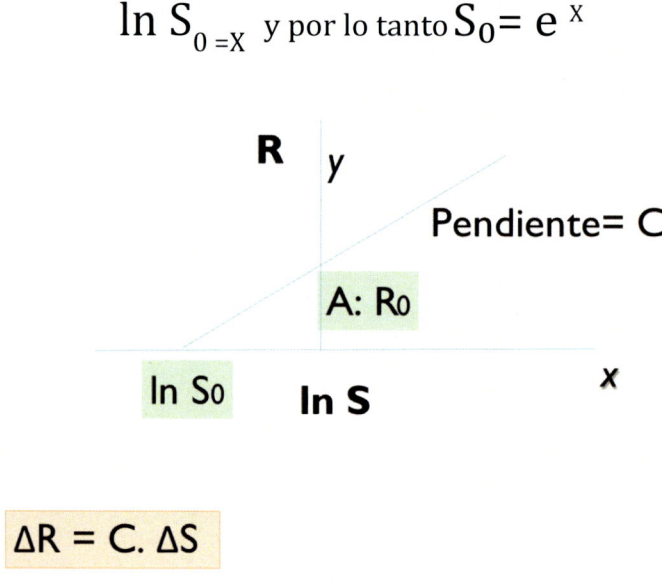

Figura 21. Representación lineal del logaritmo neperiano del estímulo **lnS** (*eje x*) frente a la respuesta **R** (*eje y*).

Luego la ley Weber-Fechner relaciona la magnitud de un estímulo S (físico o químico) y la percepción de dicho estímulo como una respuesta *R*. La relación entre S y R no es lineal sino logarítmica. La percepción evolucionará como una progresión aritmética, de modo que al incrementar S aumenta R (Cordero-Bueso, 2017).

El término "ley de Weber-Fechner" es para algunos autores un nombre poco apropiado, aunque muy utilizado en la ciencia psicológica. Esta unificación de ambas leyes refleja una falta de apreciación de la independencia lógica, porque la ley de Weber no es indispensable para formular la de Fechner, no deriva de ella, y de hecho este último no utilizó la ley para demostrar sus principios. Sin embargo, en base a la ley de Weber derivaron otras leyes psicofísicas diferentes a la ley de Fechner, como la ley de Stevens que aceptó su validez (Algom, 2021).

En el siguiente apartado se expondrá esta ley de Stevens.

4. Ley de Stevens

La ley potencial de Stevens surgió alrededor de un siglo después de las leyes de Weber y Fechner. Stevens realizó ciertas investigaciones para probar el principio, propuesto por Fechner, de que una relación de dos sensaciones subjetivas es proporcional a la relación de la intensidad del estímulo.

La diferencia de esta ley, respecto a la propuesta por Fechner, es que Stevens formuló su ley de forma empírica, con medidas sensoriales cuantitativas, es decir, con resultados numéricos; y no dando un valor a las sensaciones percibidas como respuestas, que es lo que se hizo con las leyes anteriores.

La ley se formula de la forma siguiente:

S= k.I^n, donde S es la intensidad percibida de un atributo sensorial, I representa la intensidad del estímulo y n es el número de la potencia.

El valor de la potencia indica la sensibilidad de la percepción humana al cambio del estímulo físico. Si n fuera igual a la unidad, la percepción sensorial percibida tendrá una relación lineal con la intensidad del estímulo. Esto significa que los seres humanos pueden tener la misma sensibilidad que un instrumento físico utilizado para evaluar la intensidad del estímulo. Sin embargo, en la mayoría de los casos se encontró que n era más alto, esto significa que la sensibilidad humana es mayor para percibir un estímulo, o un valor menor a la unidad –es decir una menor sensibilidad humana–, luego en realidad no existe una relación lineal. Debido a la existencia de umbrales diferentes, según los atributos, se realizaron modificaciones de la ley, incluyendo términos como valor umbral (I_0), que es un valor crítico en el que el estímulo comienza a percibirse. La ley de Stevens modificada queda de la forma siguiente:

S=k(I-I$_0$)^n

La ley hace una conexión directa entre términos de diferente naturaleza, la intensidad de percepción humana del atributo sensorial (S), que no tiene unidades, y la intensidad del estímulo, que tendrá las unidades expresadas según el estímulo físico o químico (Newton para fuerza, mol para concentración, Pascal para presión, etc.). El modelo psicofísico publicado por Stevens en 1957 se consideró como un logro en la historia de la ciencia sensorial (Chen, Tian, Wang, Mao, Zhao, 2021).

5. Umbral de percepción: definición, clases y determinación

Existen diferentes tipos de umbrales de percepción sensorial (Jackson, 2009) que se definirán a continuación.

1. **Umbral de diferencia**. Mínima diferencia perceptible en la intensidad de un estímulo. Es decir, es el valor de intensidad mínima detectable entre dos estímulos de naturaleza semejante. Es la diferencia necesaria entre dos estímulos para originar una sensación perceptible. Se define con la ley de Weber.

2. **Umbral de detección mínima o umbral absoluto.** Es el valor mínimo de un estímulo sensorial necesario para originar una sensación perceptible, aunque no se identifique. Es el valor absoluto S_0 que se define con la ley de Fechner.

3. **Umbral de identificación**. Es el valor mínimo de un estímulo sensorial que permite la identificación de la sensación percibida.

4. **Umbral terminal.** Es el valor máximo de estímulo perceptible. Es la intensidad de estímulo que si se sobrepasa o da respuesta negativa o no se corresponde con la reacción normal del estímulo, se percibe una sensación distinta a la esperada. Se define en la ley de Fechner como S_t.

Todos los umbrales definidos se conocerán por medio de ensayos experimentales.

6. Percepción sensorial de alimentos

El ser humano capta su entorno físico a través de sus sentidos, es decir, por impresiones que los órganos sensoriales reciben de su alrededor y que registran y comparan con impresiones previas.

En principio se mencionan siempre cinco sentidos: vista, olfato, gusto, oído y tacto; aunque algunos autores mencionan más porque para ellos el sentido del tacto no solo debe referirse a las sensaciones táctiles, sino también a la capacidad que tenemos de percepción del dolor y las sensaciones térmicas de frío y calor. Todas estas sensaciones se denominan somatosensoriales.

- Con el sentido de la *vista* apreciaremos el color, brillo, tamaño, integridad, apariencia del alimento y la viscosidad, opacidad, carbonatación o burbujas en una bebida.

- Con el *olfato* se apreciará el *olor* de las sustancias volátiles del alimento antes de ingerirlo y el *aroma*, que se refiere al olor detectado cuando el alimento está ya en boca; esto se denomina *vía retronasal.* Las sustancias volátiles, que se generan con la temperatura de la boca, llegan al epitelio olfatorio por esta vía.

- Con el *gusto*, que reside en la boca, se aprecian los denominados "sabores básicos": dulce, amargo, salado, ácido y umami.

También en boca se detectarán las sensaciones somatosensoriales, denominadas sensaciones trigeminales porque implican a esta red nerviosa, como la astringencia, la sensación picante, las sensaciones térmicas y las propiedades debidas al movimiento, denominadas cinestésicas, así como una parte importante de las propiedades de textura.

- El sentido del *oído* va a participar fundamentalmente en la apreciación del ruido y crujido cuando se come y mastica. Por tanto, se asocia a propiedades de *textura,* pero también se detectan otras propiedades como las *burbujas* en una bebida carbonatada. Esta información se registra por vía aérea (a través del oído, o por vía ósea –por la caja craneana–).

- El sentido del tacto va a participar fundamentalmente en la apreciación de la textura, no solo en la fase bucal sino previamente en una fase denominada manual, cuando se tiene el alimento en la mano. En la fase bucal participará toda la cavidad bucal, la lengua, los carrillos interiores y la faringe cuando se trague el alimento. Además, en la fase manual y en la bucal se recibe la información de sensaciones térmicas. En la boca también se percibe información nociceptiva, como pungente, refrescante, etc.

Todo ello se puede ver reflejado en la figura 22 que resume las percepciones de cada sentido, que se explicará en profundidad en cada capítulo de la parte II de este libro.

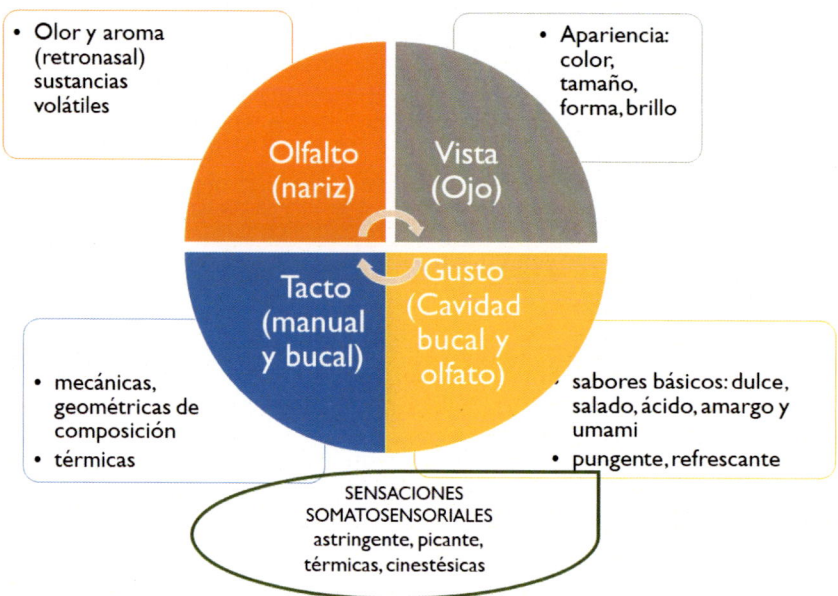

Figura 22. Resumen de sensaciones sensoriales por los diferentes sentidos.

Sancho *et al.* (1999) denominan *sensograma* a la representación gráfica de las impresiones que se percibe a través del análisis sensorial. El orden en que se recomienda utilizar los sentidos para poder apreciar los atributos sensoriales (figura 23) es en principio el siguiente:

- Vista: donde se percibe la apariencia del alimento, además de estimar qué textura tendrá ese producto. La apariencia es una característica de la geometría estructural del alimento. Ligada a esa estructura se encuentra la textura. Por otro lado, la vista proporciona información sobre las cualidades de la luz (reflejada y transmitida). Esa información se procesa como color.

- Olfato: con el que apreciamos el olor del alimento antes de su degustación, incluso cuando se está preparando.

- Tacto: en la fase manual se percibirán unas propiedades y al masticarlo o beber el producto se apreciarán otros atributos de textura. Esta información sobre las propiedades texturales se recibe antes que el sabor. En la boca se perciben las propiedades reológicas y texturales.

- Gusto: al morder el alimento o beber una bebida se percibe el sabor y el aroma (vía retronasal).

- Oído: en principio sería el último sentido en participar, ya que es al masticar o beber cuando comienza a responder a los estímulos de movimiento apreciando los atributos de textura. Aunque también hay que señalar que cuando se prepara algún alimento ya se están apreciando sensaciones sensoriales con el oído. Hay que recordar que la información acústica se obtiene por vía aérea (el oído) y por vía ósea (la caja craneana). Por ejemplo, resulta extraña la voz propia grabada en un medio (analógico o digital). En estos soportes se recoge solo la información aérea. Sin embargo, cuando se percibe la voz de uno mismo, se recibe la información por las dos vías. Este fenómeno también explica la forma de hablar en las personas sordas, pero no mudas, ya que solo perciben el sonido óseo.

Algunos órganos sensoriales proporcionan información de diferentes atributos organolépticos.

Pero el proceso de percepción es muy complejo y, por tanto, en ocasiones los sentidos olfato, gusto, oído y tacto se solapan al recibir las respuestas de los estímulos que perciben. Por ese motivo, para realizar una buena evaluación sensorial es necesario realizar entrenamientos de jueces que ayuden a percibir los atributos de forma independiente.

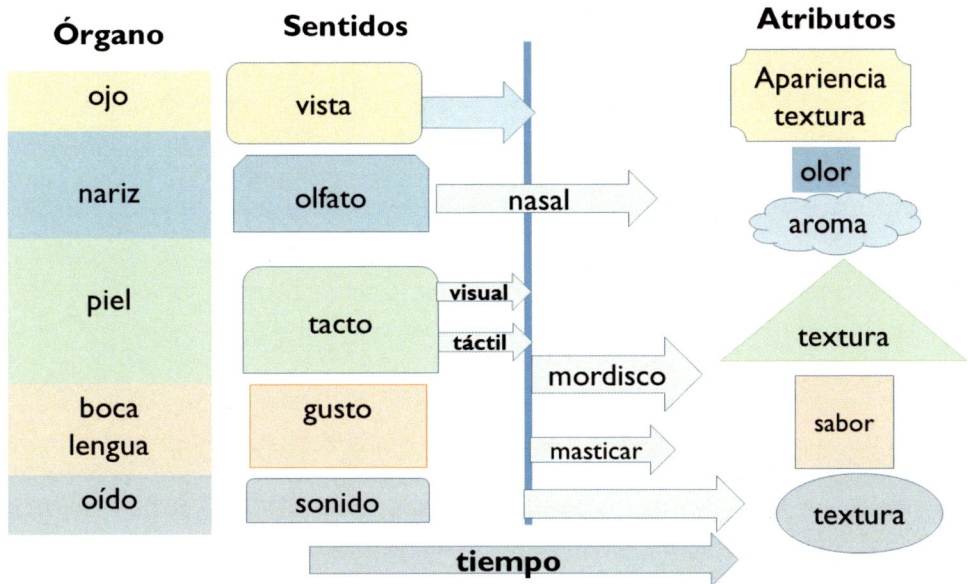

Figura 23. Orden de apreciación de los atributos sensoriales a través de los sentidos.

7. Factores que afectan a los resultados sensoriales

7.1. Factores individuales

Los resultados sensoriales pueden verse afectados por un amplio número de desviaciones basadas en factores humanos (figura 24). La variación humana hace que haya infinitas diferencias en relación con la captación y respuesta de los estímulos sensoriales. Por eso, se suele hacer un cuestionario individual previo a una prueba sensorial por si alguna circunstancia puede influir en el resultado.

Por una parte, están las diferencias individuales que dependerán de la genética, del sexo y género de la persona, de la edad o del estado fisiológico en el que se encuentre; puede verse afectado también por el apetito, fatiga, cualquier enfermedad, problemas en la dentición, etc. En este sentido se puede decir que la edad condiciona mucho el gusto en los alimentos, porque va variando con los años. También algunas enfermedades, incluso la medicación, pueden alterar nuestros sentidos al valorar sensorialmente un alimento: algunas infecciones por virus, desde un catarro hasta la enfermedad del coronavirus (COVID-19), pueden mermar nuestro sentido del olfato y del gusto durante un tiempo variable para cada individuo.

En el caso de la edad, las preferencias personales son variables, puesto que según se va sucediendo el ciclo de la vida se tienen unas necesidades nutricionales diferentes y, por tanto, unas costumbres y hábitos distintos. Así, cuando nacemos, solo bebemos leche materna o maternizada; luego se van introduciendo papillas con cereales, con frutas y poco a poco se van incorporando otro tipo de comidas; en la adolescencia se comienza a salir y el consumo suele ser de comida "rápida" o "fast-food" tipo hamburguesas, perritos, pizzas precocinadas, refrescos, etc. En la edad joven es cuando se produce una mejor familiarización y adaptación a las nuevas sensaciones y gustos en la alimentación, es una etapa crucial porque es cuando se definen las preferencias. Cuando ya estamos en la etapa adulta, la alimentación es más variada y equilibrada, se prueban diferentes alimentos de otras culturas –japonesa, libanesa, italiana, mexicana, etc.– con sabores distintos, y esto hace que las preferencias varíen según los individuos. Por último, ya en la tercera edad, en general, se suele consumir alimentos menos energéticos, con contenidos menores en sal, en azúcar, en grasas, menos bebidas refrescantes y menor cantidad de bebidas alcohólicas o consumo de bebidas con baja graduación alcohólica. Con el envejecimiento se producen modificaciones psicofisiológicas que influyen en la percepción de algunas cualidades de los alimentos. Por ejemplo, la menor fuerza masticatoria se traduce en una mayor percepción de la dureza de los alimentos o la menor insalivación en su sequedad. Por eso, los alimentos blandos, suaves y húmedos son más adecuados para las personas mayores con masticación y disfunción de la deglución, se pueden preparar mediante gelificación, tratamiento enzimático, ablandamiento de la hoja y otras tecnologías no térmicas. Se recomienda realzar o enriquecer el sabor para compensar el deterioro de la sensibilidad química, de esta forma se mejora el apetito de los ancianos (Liu, Yin, Wang, Xu, 2022).

El estado emocional como la tristeza, el mal humor, el rencor, etc., puede hacer que influya en la apreciación de un alimento, pero además en una sala de cata puede influir el sentimiento, por ejemplo, de rencor hacia el jefe de panel, de manera que no se lleve a cabo de forma correcta una prueba sensorial. En el entrenamiento de un panel de evaluación sensorial se instruye a los jueces para "aparcar las emociones". Por el contrario, en un panel de consumidores se necesita conocer el estado emocional mediante escalas psicométricas para evaluar su impacto en la selección de los alimentos.

Por otra parte, las relaciones psicofisiológicas hacen que las medidas de respuestas ante un estímulo sensorial sean muy variables. Los factores psicológicos influyen más de lo que parece y pueden generar una predisposición a que se rechace un alimento. Si se sabe su procedencia o forma de elaboración, por ejemplo, si es una víscera animal o si está crudo, se puede tener un rechazo, aversión o repulsión antes incluso de catar ese alimento. La percepción y respuesta por tanto tienen mucho que ver con la psicofisiología.

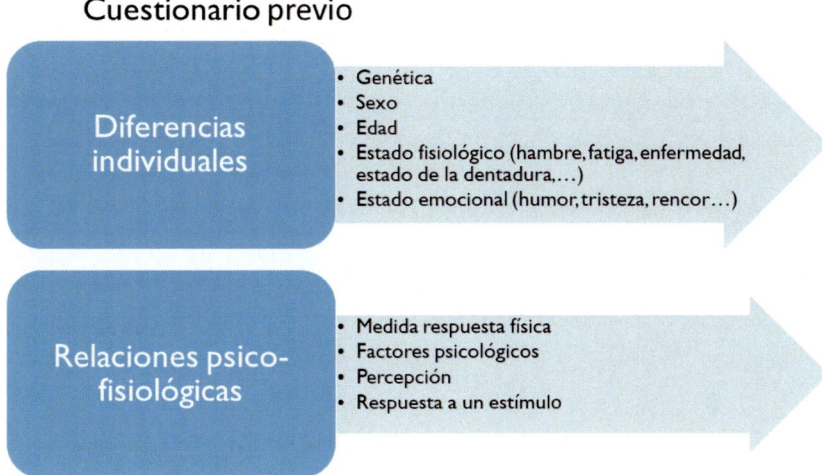

Figura 24. Factores individuales que afectan a los resultados.

Por otra parte, se ha visto que los factores geográficos, según donde se viva, condicionan el consumo de determinados alimentos y hacen que las preferencias sean del agrado del individuo si tiene la costumbre de tomar ese alimento. Además, la cultura, el nivel económico y social y la gastronomía de nuestro entorno; todo ello influirá en la aceptación o rechazo sensorial de un alimento.

Además de todos estos factores, cada persona puede tener ciertas preferencias debido a la genética, pero también a su fisiología. Así, se ha comprobado que algunas personas con obesidad tienen un gen responsable que les hace tener menor capacidad para percibir los sabores y, por tanto, tienen una necesidad de consumir alimentos ricos en grasa y sabores fuertes. No obstante, una buena parte de las personas obesas lo son por "factores ambientales" en los que influye el "estado emocional". Las personas con bajos recursos económicos y baja resiliencia emocional seleccionan alimentos con mayor densidad energética, es decir, ricos en grasas y azúcares.

Por otra parte, los ancianos pierden la capacidad de percibir los sabores y olores como consecuencia de la pérdida de las células receptoras y necesitan que un alimento tenga más azúcar o más sal, que sea más elaborado, más intenso de sabor para que les resulte apetecible.

7.2. Factores psicológicos

Los resultados sensoriales pueden verse afectados por un amplio número de desviaciones basadas en factores psicológicos, como se ha indicado previamente, y también debidos a la personalidad y actitud de los jueces. En la medida de lo posible es importante identificarlas y tratar de eliminar los errores (Carpenter *et al.*, 2000). A continuación, se describen los principales factores que hay que tener en cuenta:

- **Efectos de asociación**. Cuando se genera información de pruebas descriptivas es probable que jueces entrenados proporcionen descripciones adicionales a las que en realidad caracterizan sensorialmente a ese producto. Se debe a que el cerebro relaciona una percepción con los recuerdos, y por eso hay que intentar no usar descriptores de experiencias previas.

- **Expectación.** Este efecto surge cuando un juez muy capacitado para, por ejemplo, encontrar diferencias entre productos, espera encontrarlas aunque no las haya y cree saber la respuesta correcta. Para minimizar esta desviación hay que tener información de los jueces por si están influenciados por expectación.

- **Orden de presentación**. El orden en que se presenten y prueben las diferentes muestras pueden afectar a nuestra percepción. Por tanto, el orden debe ser aleatorio e intentar que sea diferente para cada juez. El orden por tanto será equilibrado, con todos los órdenes posibles, y aleatorio, es decir, que a cada juez se presente un orden asignado por el azar. Esto minimiza la desviación o errores, ya que, por ejemplo, si se presentan varias muestras se tiende a elegir las centrales y no las muestras colocadas en los extremos.

- **Estímulo**. Si los jueces conocen los objetivos de la prueba o alguna pista del producto (envase, identidad, etc.) puede afectar en sus conclusiones. Por eso debe siempre desconocerse el objetivo y la naturaleza y marca del producto. Se debe presentar en el mismo formato y tamaño todas las muestras.

- **Lógico**. Este error es debido a que los jueces creen que existe una relación lógica en los atributos del producto. Por ejemplo, el color oscuro relacionarlo con una mayor intensidad de sabor o de textura más espesa. Se soluciona con entrenamiento de los jueces.

- **Efecto "halo"**. Cuando se realizan más de una pregunta sobre un mismo producto se están valorando simultáneamente varios atributos, y esto influye en la percepción al ser las respuestas independientes. Esto ocurre con jueces poco entrenados en pruebas afectivas; por ejemplo, en una prueba de preferencia que solo hay que elegir cuál se prefiere y el juez está valorando inconscientemente su textura, su aroma, etc. Se soluciona con entrenamiento. No ocurre solo en pruebas hedónicas, sino también en las descriptivas. Por ejemplo, con la misma concentración de azúcar, se percibe más dulce una crema batida de nata con aroma de fresa que cuando se prueba sin aroma de fresa. El fenómeno se puede presentar cuando se recibe una impresión global del producto que ha generado un impacto, favorable o desfavorable, tal que se traslada a la estimación de la intensidad percibida en otro atributo particular (Abdi, 2002).

- **Adaptación**. La sobreexposición a un estímulo dado en un corto plazo puede dar lugar a una disminución de la sensibilidad del juez a ese estímulo. Se saturan los receptores, se denomina fatiga sensorial. Es muy habitual con el olfato, la evaluación de olores intensos causa descenso de sensibilidad. También puede ocurrir cuando se prueban muchas muestras en una misma sesión. Este error se puede solucionar mediante períodos de descanso y un diseño de la prueba adecuado. También se resuelve reduciendo la duración de las pruebas, pero aumentando o bien el número de jueces o el número de sesiones.

- **Costumbre.** Es un error debido a la perdida de sensibilidad después de una exposición al estímulo durante un prolongado período de tiempo. Ocurre en paneles de control de calidad, en los cuales están valorando productos en principio similares y las respuestas son semejantes, aunque el producto sea diferente. Se puede evitar con entrenamiento y utilizando productos de referencia que sean extremos en estímulos.

- **Benevolencia.** Este error es debido a que los jueces dan respuesta que creen que complace al jefe del panel o sala de cata. Se evitará no dando información sobre los resultados deseados ni los objetivos de la prueba hasta la finalización de esta.

- **Influencia de otros jueces.** Los jueces se pueden influir entre ellos, o verbalmente o por expresiones faciales. Por eso en el panel de cata debe estar cada uno en su cabina, sin comentar nada sobre la prueba, hasta su finalización.

- **Distracción.** Los jueces deben estar concentrados y aplicar sus sentidos a la prueba que estén realizando. No deben distraerse mientras realizan la evaluación, aunque es importante que estén relajados y confiados en su buena tarea, pero sin ser molestados ni distraídos hasta la finalización.

7.3. Personalidad y actitud

Las respuestas sensoriales también se van a ver influidas por la personalidad, actitud, condición social, creencias y motivación.

- La **personalidad** introvertida o extrovertida va a influir en el rendimiento de las pruebas sensoriales, principalmente en las descriptivas. En la utilización de escalas, se ha comprobado que una persona extrovertida, si el panelista no tiene un buen entrenamiento, tiende a emplear escalas de intervalo más amplio que otra introvertida.

- **Condición social.** El entorno social y las experiencias culturales pueden condicionar la forma en que los jueces perciben las propiedades sensoriales y sus respuestas. Todos tienen ideas preconcebidas que pueden afectar a la sensación sensorial.

- **Creencias religiosas.** En este caso las creencias van a hacer que se tenga reticencias a degustar ciertos alimentos que están restringidos para algunas religiones, como es el cerdo y sus derivados en el caso de la religión musulmana, consumir ciertos alimentos no elaborados de una forma adecuada en el caso de la religión judía o no tomar carne en la religión católica en ciertas épocas como en cuaresma.

- **Motivación**. La actitud y motivación para participar en un análisis sensorial influye bastante más de lo esperado para obtener unos resultados adecuados. El humor de forma inconsciente va a influir en el rendimiento de los jueces y su capacidad para discriminar. Un juez en un estado emocional contento realizará de mejor forma pruebas afectivas, como puede ser el grado de satisfacción o de preferencia entre alimentos.

RESUMEN

En este capítulo se han comentado las principales leyes, conceptos, usos y factores que están relacionados con el análisis sensorial y que son necesarios para comprender las siguientes partes.

Con el conocimiento de los contenidos de este capítulo, se puede abordar la parte II, que versará sobre los sentidos y las propiedades sensoriales que se perciben y cómo se evaluarán y definirán los atributos asociados a cada sentido humano, que son importantes en el análisis sensorial de los alimentos.

PARTE II

Los sentidos y las propiedades sensoriales

Esta parte del libro, que consta de cinco capítulos, se va a dedicar a revisar los órganos sensoriales con los que se perciben los estímulos generados por los alimentos, así como las respuestas que producen y el modo en que las mismas se procesan. Asimismo, se detallan las propiedades sensoriales, así como sus atributos correspondientes a cada sentido. Además, en cada capítulo se refleja la evaluación sensorial correspondiente a cada uno de los sentidos. En el último capítulo de esta parte II, se verá cómo se correlacionan todos los sentidos y que en el análisis sensorial de un alimento se solapan las sensaciones percibidas, aunque se deba seguir un proceso sensorial para poder verbalizar nuestras respuestas sensoriales.

Capítulo 3. El sentido de la vista

En este capítulo se va a revisar la importancia que tienen el sentido de la vista en el análisis sensorial. Se explica el proceso de la visión, la fisiología del ojo de forma general, el mecanismo de la visión y las propiedades sensoriales que se aprecian con la vista, siendo unas de las más importantes el color y su medida. Además, la evaluación sensorial relacionada con la visión, como la apreciación de atributos tales como la apariencia, forma, tamaño, entre otros, son fundamentales para aceptar o rechazar un producto. El tema tiene el siguiente índice:

1. **Características fisiológicas del ojo**
2. **Proceso de la visión**
3. **Mecanismo de la visión**
4. **Propiedades sensoriales asociadas a la vista**
5. **El color: concepto y medida**
    5.1. **Concepto de color**
    5.2. **Medida del color**
        5.2.1. **Evaluación sensorial del color**
        5.2.1. **Espacio de color de Munsell**
        5.2.3. **Espacio de color XYZ**
        5.2.4. **Sistema Hunter**
        5.2.5. **Evaluación espectrofotométrica del color**
6. **Enmascaramiento del color**

1. Características fisiológicas del ojo

El ojo está formado por un globo ocular situado en la parte inferior del hueso frontal, en la cavidad denominada ocular. Este globo consta de varias capas (Anzaldúa-Morales, 1994, Sancho *et al.*, 1999).

- Capa transparente que es la *córnea*, cuya parte posterior se transforma en esclerótica, que es lo que se conoce como el blanco del ojo y que es opaca.

- *Coroides,* que está formado por tejido fibroso que rodea a la capa esclerótica por detrás y que tienen un orificio que será la *pupila,* por donde entra la señal luminosa. La pupila se abre y cierra, en función de la intensidad de luz, con ayuda de un juego de músculos que forman el *iris* o color de los ojos.

- *Cristalino*, está asociado a la pupila, situado justo detrás. Se trata de la lente del ojo y está relleno de un líquido o *humor acuoso*. Detrás del mismo está el interior del globo ocular o cuerpo vítreo relleno de un líquido denominado *humor vítreo*. Hay que destacar los dos cambios más relevantes que se producen con el envejecimiento. A partir de los 45-50 años se produce una reducción de la elasticidad, se traduce en presbiopía; y a partir de los 55-60 años la pérdida de su transparencia, es decir, en cataratas. Ambos procesos influyen en las respuestas proporcionadas por jueces con estas edades.

- *Retina* o capa fotosensible, se sitúa alrededor de todo el interior del ojo, desde el cristalino hasta el fondo, de donde parte el nervio óptico y donde reside la visión. En la retina están las células responsables de la visión, es decir, los receptores fotosensibles. Las células son de dos tipos, los *bastones* y *conos*, denominados así por la forma que tienen. Los *bastones* son responsables de la visión en condiciones de baja luminosidad, presentando una mayor sensibilidad hacia una longitud de onda de 500 nanómetros (nm) (luz verde azulada). Este tipo de visión con poca luz se denomina visión *escotópica*. Sin embargo, los *conos* necesitan mayor intensidad de luz y son las células que aprecian el color, lo que se llama la visión *fotópica*. En la retina hay *puntos ciegos*, que no se excitan por la señal luminosa y, por el contrario, tiene otra zona especialmente sensible a la luz que se denomina mancha amarilla o *lútea*. De la retina parte el nervio óptico, formado por un doble haz que llega al encéfalo, y se divide en una zona que se llama quiasma, penetrando en el cerebro como tractos ópticos al unirse las dos partes de los nervios ópticos. Con el envejecimiento se produce una pérdida de bastones, provocando una menor adaptación a la baja luminosidad y un menor número de conos, que se traduce en mayor dificultad para discriminar los colores en la zona del azul, así como facilidad para confundir el azul y el verde.

2. PROCESO DE LA VISIÓN

La percepción visual reside en el ojo, que se asemeja a una cámara de fotos. El proceso de la visión, que es bastante complejo, comienza con un estímulo físico, que será una luz que penetra en el ojo a través de la pupila. Esta señal luminosa llega a la retina de forma que la imagen de los objetos se proyecta sobre la parte de retina que está situada en el fondo del ojo. Al incidir la luz sobre los componentes o pigmentos de la retina se producen una serie de reacciones químicas que transforman esa energía en una señal nerviosa. La retina está unida al nervio óptico a través del tracto óptico, que transmite la sensación al cerebro, que interpreta la imagen del objeto. Al tener una visión simultánea de los dos ojos, por el desfase de ángulo de cada uno hace que se aprecie la visión tridimensional o visión estereoscópica. La sensación visual se percibirá en una zona específica del cerebro.

3. MECANISMO DE LA VISIÓN

El mecanismo de la visión se debe a los pigmentos situados en las células de la retina, cerca de 125 millones de *bastones* y 6 millones de *conos*, que contienen pigmentos fotosensibles. El mecanismo comienza cuando la energía lumínica de un grupo de fotones provoca una activación de los pigmentos de la retina, convirtiendo la energía luminosa en energía bioquímica. Esta energía se trasfiere a través de una serie de reacciones químicas que conducen a una hiperpolarización de la membrana plasmática, que transforma los impulsos nerviosos en la sensación que se crea en el cerebro.

Las células fotosensibles contienen carotenoides, pigmentos, que se encuentran unidos a proteínas (figura 25). Así, los bastones contienen *rodopsina* formada por carotenoides, como el retineno o *retinal*, junto a *opsina*, que es la proteína; mientras que los conos contienen *Iodopsina* formada por carotenoides como retineno o *retinal* con la proteína *fotosina*. Estos compuestos al recibir luz se descomponen en la proteína y el carotenoide, iniciándose así las reacciones químicas que irán sucediéndose en cadena. Los bastones aprecian la impresión primaria, la forma y tamaño de los objetos con baja intensidad lumínica, y son los responsables de la visión nocturna.

Por otro lado, los conos que necesitan mayor intensidad de luz son los responsables de la agudeza visual y aprecian los colores. Hay tres clases de conos que se diferencian en el pigmento fotosensible que poseen, que les confiere una capacidad máxima de absorción a diferente longitud de onda. Por tanto, cada tipo de cono tiene una sensibilidad a unas longitudes de onda determinadas. Así en los conos *L*, se aprecian los colores rojos a longitudes de onda de 650 nanómetros (nm) gracias a su pigmento que es la *eritropsina*. Los conos *M* que diferencian los colores verdes a longitudes de onda de 530 nanómetros (nm), tienen el pigmento denominado *cloropsina*; y los que aprecian los colores azules son los conos *S*, a longitudes de onda de 430 nanómetros (nm), cuyo pigmento es la *cianopsina* (Cordero-Bueso, 2017).

Los animales tienen pigmentos fotosensibles, pero principalmente bastones y apenas conos, por eso tienen mejor visión nocturna pero no distinguen bien los diferentes colores.

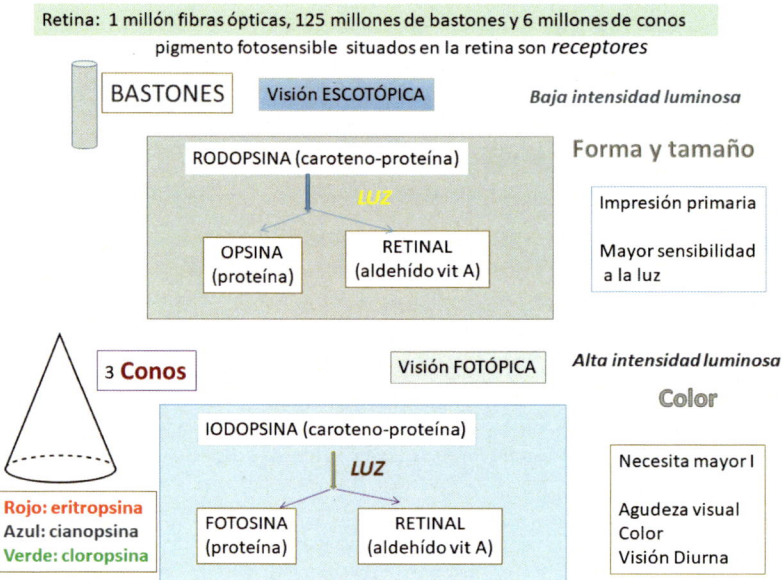

Figura 25. Células y pigmentos receptores de la visión.

Como se ha comentado anteriormente, el mecanismo de la visión comienza cuando un grupo de fotones estimulan a los pigmentos rodopsina o iodopsina. Esto hace que se descomponga el conjunto de pigmentos asociado a la proteína. A partir de ahí se convierte el aldehído retinal en *trans* retinol (que es una forma de vitamina A); posteriormente, a *trans* retinal; y, finalmente, a una molécula clave, el 11-*cis*-retinal. Este es un aldehído que capta la energía luminosa y la transforma en energía bioquímica. La energía bioquímica trasfiere su energía a través de una serie de reacciones, que finalmente conducen a una hiperpolarización de la membrana plasmática de las células, que transforma la sensación en impulsos nerviosos. Es decir, la cadena de reacciones químicas que se producen transfiere la energía en forma de impulsos nerviosos (figura 26). Por tanto, el estímulo provoca una sensación y una respuesta en el cerebro.

Las reacciones fotoquímicas se suceden de forma rápida, a velocidades en la primera fase que incide la luz en picosegundos (ps) (10^{-12} s), la siguiente en nanosegundos (10^{-9} s), después en microsegundos (10^{-6} s), en milisegundos (10^{-3} s) y en segundos; se van formando diferentes compuestos intermedios: rodopsina-batorrodopsina-lumirrodopsina-metarrodopsina I- metarrodopsina II y por último opsina y *trans* retinal (Sancho *et al.* 1999).

El ojo humano tiene una sensibilidad variable para distinguir colores, en un intervalo del espectro de la luz visible, entre 380 nm (tonalidades violeta) hasta 760 nm (tonalidades rojizas), con picos de máxima absorción a 450 nm para el color azul y otro a 600 nm para el color rojo, pero tiene un máximo de sensibilidad, de un 100% de sensibilidad, alrededor de 550 nm, que corresponde al verde; por eso cuando estamos en un entorno de color verde, el ojo no hace esfuerzo para distinguir ese color y está más relajado. El denominado efecto Purkinje, que debe su nombre a un anatomista checo, es la tendencia de la sensibilidad del ojo a desplazarse hacia el color azul a bajos niveles de iluminación como parte de la adaptación de la oscuridad y, por tanto, la luz roja aparecerá más oscura respecto a otros colores. Esto justifica que se use habitualmente la iluminación roja para enmascarar los colores en una prueba de evaluación sensorial de los alimentos.

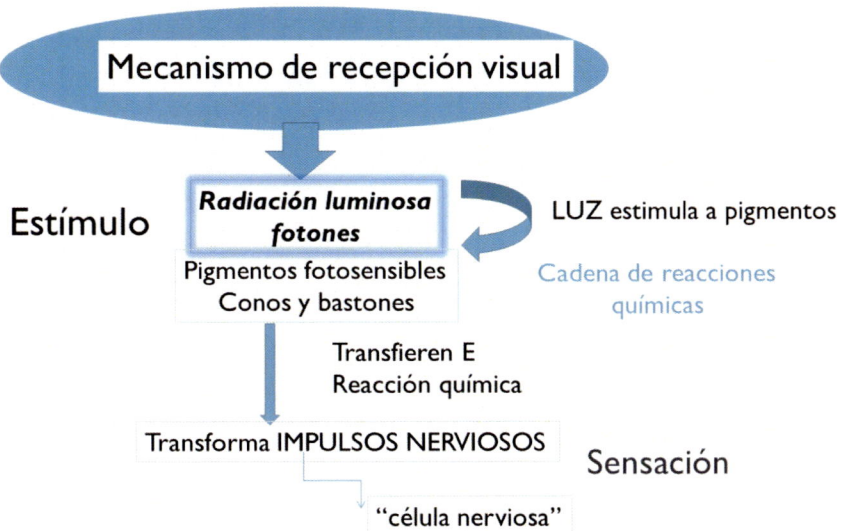

Figura 26. Bioquímica de la visión.

La visión humana es bifocal, al tener dos ojos, que permite que se integren los impulsos nerviosos en el cerebro. Así se apreciará el conjunto del alimento, apariencia, color, integridad, tamaño y forma, y si es un líquido el brillo y la transparencia. En realidad, el ojo está en permanente movimiento, porque la imagen que se ve con la retina se desvanece, y realmente está oscilando entre los millones de células receptoras situados en la retina.

En algunas personas pueden existir defectos en la vista. Esto provoca que un juez no pueda participar en la evaluación sensorial de los alimentos si tiene dificultad en diferenciar colores. Hay defectos que son genéticos, como es el *daltonismo* o la incapacidad para distinguir los colores primarios como el color rojo del color verde, que es lo más habitual, o entre el azul y verde o entre los tres colores. El daltonismo más frecuente, que es la ceguera para el rojo y verde, la padecen un 8% de varones y un 1% las mujeres y afecta a los conos responsables del rojo y verde: al faltar uno de ellos los colores los capta el otro cono y por eso no los diferencian. Otra disfunción visual es la denominada *discromatopsia*, que no distingue entre gamas de colores o intensidad de colores, pero que no es una enfermedad trasmitida genéticamente, como el daltonismo. Algunas personas tienen visión defectuosa y ven solo dos de los tres estímulos primarios: se denomina dicrómatas, incluso algunas pocas (un 0,003%) son monocrómatas (Cordero-Bueso, 2017).

4. PROPIEDADES SENSORIALES ASOCIADAS A LA VISTA

Con el sentido de la vista, que es el que más ha evolucionado y se ha agudizado a lo largo de siglos, se pueden apreciar muchos atributos sensoriales. Nos permite percibir tanto la apariencia como la forma y tamaño de un alimento, la transparencia o presencia de burbujas en una bebida, además del color. Esta es la propiedad más importante asociada a la vista y que es fundamental en la ciencia de los alimentos (figura 27).

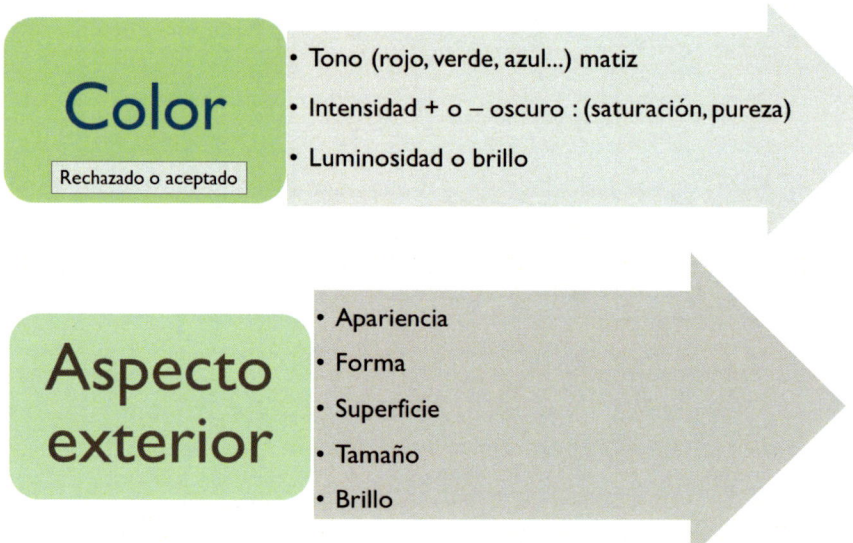

Figura 27. Propiedades asociadas a la vista. El color es importante para que un alimento sea rechazado o aceptado.

Algunos atributos de apariencia, en alimentos sólidos, son relativos a la forma y tamaño; y en algunos líquidos, por ejemplo, la turbidez informa sobre la estructura del producto. Para describirlos se utilizan atributos de longitud, anchura o calibre, muy utilizado en derivados cárnicos curados; forma geométrica, usado en los descriptores del queso, por ejemplo; y el aspecto de características de textura en superficie como pueden ser liso, rugoso, aterciopelado, etc. Así, en los derivados cárnicos, se utiliza el calibre fino o grueso para definir el tamaño de diámetro de un chorizo, o a veces se refiere al tamaño de las partículas de tocino en un salchichón, que sería muy fino, por ejemplo, en un salami. Por otro lado, la forma de un queso se define, por ejemplo, como cilíndrico, rectangular, etc. Otros atributos detectados por la vista serían las propiedades de superficie apreciadas con el tacto manual, como el brillo y la integridad, que son también importantes.

En el caso de los alimentos líquidos o bebidas, los atributos de apariencia más habituales son la transparencia –cuando deja pasar la luz–, como el agua, u la opacidad cuando no deja pasar nada de luz, como la leche. La turbidez o presencia visual de partículas en el líquido es importante en los zumos, por ejemplo. Además, una característica importante en algunas bebidas es el nivel de carbonatación o efervescencia, fundamental en aguas con gas, en la cerveza o en bebidas espumosas como el cava; la presencia visual de las burbujas es un atributo de calidad sensorial (figura 28).

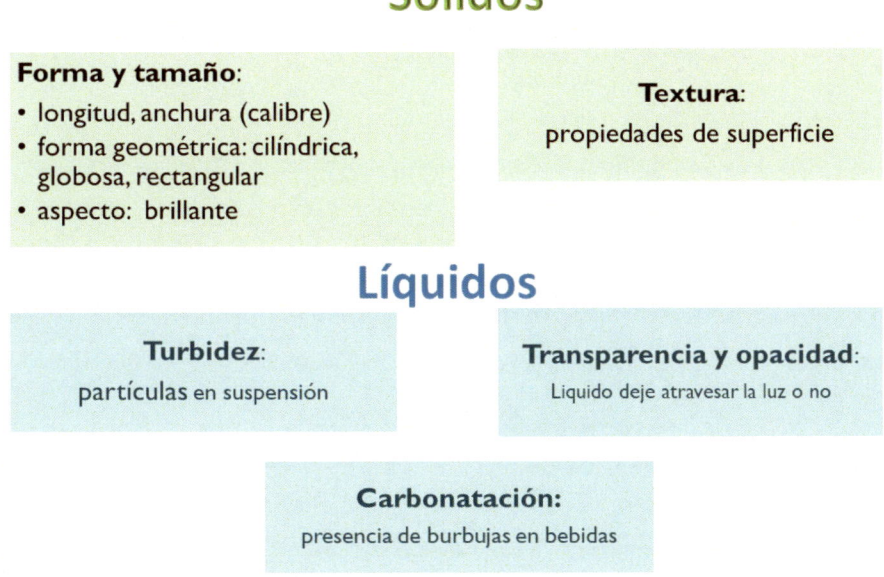

Figura 28. Atributos de apariencia en sólidos, líquidos y emulsiones.

Sin embargo, ninguna propiedad es tan importante como es el color de un alimento o bebida, tanto para los consumidores como para la industria alimentaria. Esto es debido a que para el consumidor es fundamental que tenga el color esperado para el producto que habitualmente compra y consume. En la industria alimentaria, su observación puede permitir detectar defectos o incluso conocer la calidad de un producto, aunque esto no siempre es así porque puede tener un color diferente o más intenso y no por eso ser de mejor calidad. El color se suele determinar para estandarizar el de un producto, para elaborarlo de forma semejante a un producto de otra marca líder o para hacerlo más apetecible, incluso en el caso de nuevos alimentos se tiene en cuenta el color final.

El color dependerá de tres parámetros: del tono, la intensidad y la luminosidad, que se explicarán más adelante. Para que un alimento o bebida sea aceptado es necesario evaluar y obtener el color adecuado. Asimismo, en algunos productos perecederos, como puede ser una fruta o una verdura, el color puede cambiar en función de su estado de maduración. En otros productos además puede afectar el tiempo y/o condiciones de almacenamiento, de tratamientos o tecnologías de procesado o por un inicio de alteración por microorganismos.

5. EL COLOR: CONCEPTO Y MEDIDA

5.1. Concepto de color

El concepto de color se puede decir que es la sensación provocada en la retina de un observador por causa de ondas luminosas de longitud de onda (λ) comprendidas entre 380 y 760 nanómetros (nm).

El color de un alimento o bebida no es una propiedad de este, sino que es la respuesta que produce la luz reflejada o transmitida por un alimento a partir de la iluminación que incide sobre él. La luz reflejada crea un estímulo en la retina y el nervio óptico lo trasmite al cerebro, donde se integra y produce la respuesta, que es lo que nosotros detectamos como el color de ese alimento. En realidad, se debería denominar *color aparente*, puesto que el color que detecta el ojo humano dependerá de la parte de luz que absorbe o refleja el alimento. Si refleja la totalidad de la luz al 100%, el color es blanco; por el contrario, si absorbe el 100% de la luz incidente sería el color negro; y, por último, si absorbiera el mismo porcentaje de cada longitud de onda visible, el color aparente sería el gris. En el caso de las bebidas en las que la luz atraviesa el líquido, lo que se ve sería el color directamente, no hay parte de la luz absorbida como ocurre con los sólidos.

Por tanto, el proceso de la visión del color de los alimentos dependerá de la composición de los pigmentos que tengan, ya que serán los responsables de la luz que se refleja o trasmite. Por ejemplo, si un vino es de color amarillo es porque sus pigmentos han absorbido el color azul correspondiente a una longitud de onda (λ entre 435-480 nm); si una fresa se ve roja es porque absorbe los colores correspondientes al azul y el verde (λ de 500 nm); asimismo, una verdura o fruta verde se observa de ese color porque absorbe el color rojo (λ 605-650 nm). Entonces, en la visión del color hay tres parámetros importantes: la luz que ilumina, el alimento con sus pigmentos que provoca que refleje o absorba esa luz y el ojo observador. Esto generará una respuesta subjetiva, puesto que no todos tienen la misma capacidad para distinguir colores o, más bien, los diferentes matices y pureza de estos.

Para intentar estandarizar la medida del color, se creó una Comisión Internacional de la Iluminación (CIE: *Commission internacionale de l'eclairage*). Esta comisión es la autoridad internacional en luz, iluminación, color y espacios de color y fue fundada en Viena en 1931. Así se estableció un centro de estudios para todas las materias relacionadas con la ciencia y tecnología de la luz y la iluminación para el intercambio de información y avances entre los países. Para que la iluminación sea siempre similar para medir el color de un objeto, se estableció que debe ser una luz blanca en una habitación blanca o, si es en el exterior, bajo un cielo de nubes blancas.

El color se define por tres parámetros: el tono o matiz, la intensidad o pureza y por la luminosidad o brillo. El tono o matiz, denominado *Hue* (H) o color, depende de la longitud de onda que absorba el alimento, que será en función de sus pigmentos, pudiendo ser rojo, azul, verde, amarillo, etc. El parámetro denominado saturación o pureza, que se denomina *Chroma* (C) o intensidad, es el grado de separación entre el gris y el color puro, es decir, un rojo más o menos intenso, por ejemplo. Y, por último, la luminosidad o brillo, que se denomina *Value* o valor(V), representa lo cercano que está al blanco o al negro (figura 29) (Cheftel y Cheftel, 1992).

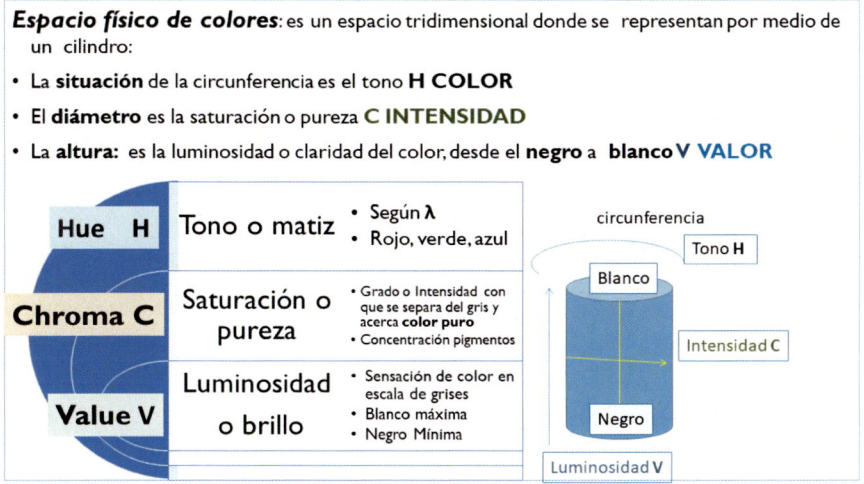

Figura 29. Parámetros del color: tono, intensidad y luminosidad.

Existen algunos colores que se clasifican o agrupan con diferentes criterios. Así, se denominan colores acromáticos al blanco, negro y gris; mientras que cromáticos serían los colores fundamentales o primarios, que son azul, rojo, amarillo y verde. Los colores denominados secundarios serían combinación de los anteriores, mezclando dos o tres colores, aunque para conseguir algunos es necesario mezclar más de tres, cuatro o cinco. El espectro de la luz solar se descompone en siete colores, que son los que se ven en un arco iris: rojo, anaranjado, amarillo, verde, azul, morado o índigo y violeta. En algunos casos se clasifican en colores cálidos como el rojo, anaranjado y amarillo y en colores fríos que incluyen el verde, el azul, el índigo y el violeta.

Sin embargo, con las teorías y modelos que se verán a continuación, cualquier color podrá definirse en función de tres componentes triestímulos.

5.2. Medida del color

Hace tiempo, en el siglo XVI, se utilizó un modelo denominado tradicional RYB para mencionar colores que consideraban primarios, que eran el rojo, amarillo y azul, o en inglés *red, yellow* y *blue* (RYB) y secundarios el naranja, verde y morado.

Actualmente, para reproducir los colores en impresoras y demás tecnologías tales como la televisión, fotografía o artes gráficas, se usa el modelo denominado CMYK, por las siglas de los 4 colores que la integran, ya que se sustituyó el color azul por el cian (*cyan*) C, el color rojo por el magenta M, se dejó el amarillo (*yellow*) Y, y se incluyó el negro *key* K. Este modelo es de color sustractivo y es más moderno que el tradicional de RYB.

Como se ha mencionado anteriormente, el color es un parámetro muy importante para la industria alimentaria, debido a que se debe estandarizar los productos elaborados. Con este parámetro se pueden evaluar las materias primas y se puede hacer un control de calidad incluyendo control del proceso de elaboración. Por eso, es esencial realizar la medida del color, en muchos casos mediante instrumentos, ya que el ojo humano no detecta las diferencias de tonalidades o intensidades de los colores. Aun así, se hacen muchas veces valoraciones sensoriales en muchos alimentos, principalmente cuando se realiza una cata; es decir, una descripción detallada de un producto con sus atributos más importantes, también cuando se lleva a cabo un perfil sensorial descriptivo.

El color se puede evaluar de forma sensorial mediante un panel de jueces entrenados, mediante una medida instrumental con colorímetros triestímulos o mediante espectrofotómetros que midan la absorción de los pigmentos que contienen (Cheftel y Cheftel, 1992).

Para poder hacer una medida objetiva del color, se han estudiado diversos modelos a lo largo de los últimos 90 años, siendo en la actualidad el más utilizado la medida con un colorímetro denominado Hunter Lab.

5.2.1. Evaluación sensorial del color

El color se puede y se suele evaluar principalmente en las pruebas descriptivas, o bien con el fin de comparar entre diferentes productos, para detectar diferencias entre productos parecidos o para comprobar distintas tonalidades respecto a un producto líder. Para ello se suele utilizar escalas numéricas en las cuales se debe definir cada punto o bien por colores o bien por intensidad de color.

Así, por ejemplo, si se determina el color de diferentes variedades de manzana, los puntos de la escala pueden ser amarillo, verde, verde rojizo, rojo y muy rojo según sea la variedad o maduración de la fruta.

Sin embargo, en muchas hojas de cata simplemente se indica la intensidad con escalas, de +1 hasta +5, según sea menor o mayor la intensidad del color típico del producto; por ejemplo, color rojizo de una rodaja de chorizo.

Además de la intensidad o del color se suele valorar, en ocasiones, como un criterio de buena calidad, la uniformidad de color en frutas y hortalizas, ya que se considera de mejor calidad cuando el color es homogéneo.

5.2.2. Espacio de color de Munsell

La medida sensorial del color a veces se realiza comparando el color del alimento o bebida con una carta de colores elaborada por Munsell, de modo que existe un catálogo de multitud de colores, que podrían representarse de forma tridimensional, en función de los valores de los tonos principales rojo, amarillo, verde, azul y púrpura, teniendo en cuenta los conceptos antes mencionados de *Hue, Chroma* y *Value*. Es decir, representando el tono (*Hue*) a lo largo de una circunferencia que se divide en 100 unidades; para comprenderlo las unidades serían 5 para el color rojo, 25 el amarillo, 45 el verde, 65 el azul y 95 el púrpura. La intensidad o pureza en diferentes diámetros de una circunferencia, se expresa con unidades de 0 a 12. Por último, la luminosidad (*Value*) se representa en el eje perpendicular al diámetro, siendo el menor valor cero para el color negro y 10 para el color blanco. De esta forma se construye un espacio o árbol cromáticos, en el que figuran todos los colores en sus diferentes gamas y tonalidades que se pueden ver en The Munsell Book of Color, en una aplicación móvil (Munsell color chart - Apps on Google). https://play.google.com/store/apps/details?id=jp. co.kozo.munsellcolorchart&hl=en_US&gl=US. En la aplicación Apps Munsell Color Chart se pueden ver diferentes colores; por ejemplo, fijando un mismo valor H y variando la intensidad (*Chroma*) y luminosidad (*Value*) se observan, diversos colores de la misma gama, verde gris, comprobando su utilidad.

5.2.3. *Espacio de color XYZ*

La teoría del espacio de color XYZ se inició por la Comisión Internacional de la Iluminación (CIE) en 1931. Esta teoría define un color en función de los tres colores primarios rojo, verde y azul, a este modelo se le denomina con las siglas de los colores en inglés, como RGB (*red, green, blue*). Este modelo se basa en que la sensación percibida por el cerebro desde las células fotorreceptoras se puede expresar en términos de la cantidad del color rojo, verde y azul, que son los colores que perciben los conos del ojo humano. El ojo reconstituye todos los estímulos coloreados, mezclando cantidades de los tres estímulos fundamentales monocromáticos que son el rojo, verde y azul. Esto crea un espacio tridimensional que se podría representar, obteniendo unas curvas espectrales de sensibilidad del ojo humano que permitirán obtener una denominación numérica de un color. Se mide con un aparato que es muy costoso. Sin embargo, no es posible obtener todos los colores mezclando estos tres tonos.

Posteriormente, para la evaluación de un color, según la CIE, entre los años 1960 y 1976 se modificaron los cálculos. Lo que se hizo fue determinar tres estímulos, cuya suma permite reconstruir por el ojo el color de una cantidad energética unitaria de cada onda monocromática del espectro visible. Esto se consigue definiendo tres valores nuevos denominados coeficientes tricromáticos x, y y z, y que se definen como:

$$x = X / X+Y+Z$$
$$y = Y / X+Y+Z$$
$$z = Z / X+Y+Z$$

siendo x, y y z los porcentajes de ese color respecto a la suma de los demás colores (Cheftel y Cheftel, 1992).

Siendo los valores triestímulos de un color definidos por X (mezcla de rojo y verde), Y (luminosidad) y Z (azul), los coeficientes serán la proporción de ese color respecto al total. Así, la suma permite reconstruir por el ojo el color de una cantidad de energía de cada longitud de onda del espectro visible. La suma de los tres tiene que ser igual a la unidad ($x + y + z = 1$); es decir, que todos los colores se perciben como mezcla de estos tres colores fundamentales.

Para determinar la cromaticidad de un color basta especificar 2 coeficientes, por ejemplo, x e y, representando x en abscisas e y en ordenadas, y estas serán las coordenadas de un color, se podría definir simplemente en una representación gráfica bidimensional mediante 2 números. Por ejemplo, un valor de x igual 0,48 con un valor de y igual a 0,30 corresponde a un color rosáceo. Los colores puros, según la longitud de onda λ, estarían formando una zona triangular que se denomina la curva espectral, dentro de la cual están incluidos los puntos que representan los colores que existen. Hay un punto en el cual los valores de ambos son iguales $x = y = 1/3$ y que se llama punto acromático, que sería el color blanco.

5.2.4. Sistema Hunter

Para simplificar el espacio XYZ y para interpretar mejor los resultados, ya que a veces había falta de uniformidad para distinguir colores, surge el sistema Hunter. Este sistema usa los parámetros L, a y b; denominados parámetros de Hunter Lab, son adimensionales y tienen una equivalencia con los triestímulos CIE. Cada uno de ellos tiene una relación mediante una ecuación matemática donde se integran los valores triestímulos mencionados antes X, Y, Z (tabla 1).

Tabla 1. Fórmulas de los parámetros L, a y b Hunter Lab que se relacionan con X, Y y Z.

Parámetro	Significado	Fórmula
L	Directamente comparable con el valor Y (CIE), va desde el color blanco al negro con valores de 100 a cero. Se representa en el eje y	$L = \sqrt{Y}$
a	Corresponde a una escala de rojo a verdes, el rojo tendrá valor positivo y el verde negativo. Se representa en el eje x	$a = 17,5(1,02X-Y)\sqrt{Y}$
b	Corresponde a una escala de amarillo a azul, los tonos amarillos son valores positivos y los azules negativos. Se representa en un eje z	$b = 7(Y-0,847 Z)$

Sin embargo, son más fáciles de entender e interpretar, incluso de representar, en un sistema tridimensional esférico, ya que:

L: Luminosidad que tendrá valores de 0 (negro) a 100 (blanco)
a: Valores positivos (rojo) a negativos (verde)
b: Valores positivos (amarillo) y negativos (azul)

También es fácil y cómodo de medir, porque existen unos colorímetros Hunter Lab manuales de manejo fácil, que indican los parámetros Hunter Lab y permiten calcular las diferencias de medida de un parámetro, de incremento o descenso y los ΔL, Δa y Δb, entre muestras. De modo que, si se quiere estandarizar, por ejemplo, el color de unos guisantes, se puede indicar que si superan una diferencia de Δa de un ±0.1 no se admite en el mismo lote.

Los resultados se pueden representar de forma tridimensional en tres ejes: en el eje x de verde a rojo (a), en el eje y de negro a blanco (L) y en el tercer eje z de amarillo a azul (b), formado una figura globosa. Si se quiere comparar un mismo color con diferentes luminosidades obtendríamos esas tonalidades dando valores a los parámetros Lab a y b (www.hunterlab.com). La ventaja de esta medida es que se correlaciona muy bien con la valoración sensorial.

En la página web del aparato Hunter Lab, se pueden observar los diferentes modelos de colorímetros que existen, de menor tamaño manual o aparatos con más prestaciones y con mayor tamaño. En cualquier caso, se pueden guardar, en la memoria del aparato, las medidas y calcular las diferencias entre las muestras de un lote e incluso hacer un estudio estadístico (www.hunterlab.com).

5.2.5. Evaluación espectrofotométrica del color

Por último, en ocasiones se utiliza la espectrofotometría, técnica más precisa para el control de color en alimentos preparados. Se mide la absorbancia a una longitud de onda (λ) en que los pigmentos del alimento tengan un máximo de absorción en el espectro visible (entre 400 y 700 nm) para el ojo humano. Se usan en productos como mermeladas, jaleas, bebidas y productos de origen animal, como la carne.

Asimismo, otro ejemplo puede ser en un alimento de origen vegetal, en el que se puede detectar el color y sus diferencias según los pigmentos responsables del mismo. En un estudio de investigación con berenjenas de diferentes variedades (negra, morada y jaspeada), se midieron en extractos de piel las absorbancias a una longitud de onda donde se detectaban unos pigmentos, los antocianos, responsables del color morado, y las clorofilas, que son responsables del color verde pero que aun estando presentes pueden estar enmascaradas por los antocianos. Posteriormente, se hicieron cálculos estadísticos de los resultados y con los parámetros medidos con el colorímetro Hunter Lab y se observó que existía una clara correlación (Mollá, López-Andréu y Esteban 1988).

6. Enmascaramiento del color

A veces es necesario enmascarar el color de un alimento o bebida para hacer la evaluación sensorial y que no produzca una sensación premeditada antes de probarlo por la intensidad o por el color que tenga. Por ejemplo, con una salsa oscura instintivamente se piensa en un sabor más intenso, o un color más oscuro de un aceite de oliva virgen extra (AOVE) puede hacer pensar que tenga más sabor y aroma. Por eso se utilizan envases de colores: el vaso de color azul cobalto se ha utilizado hasta ahora para la cata del aceite (AOVE), o para otros productos se usan, en las cabinas de la sala de cata, bombillas de colores, o rojo o azul, para que el color real no se distinga (Anzaldúa-Morales, 1994) (figura 30).

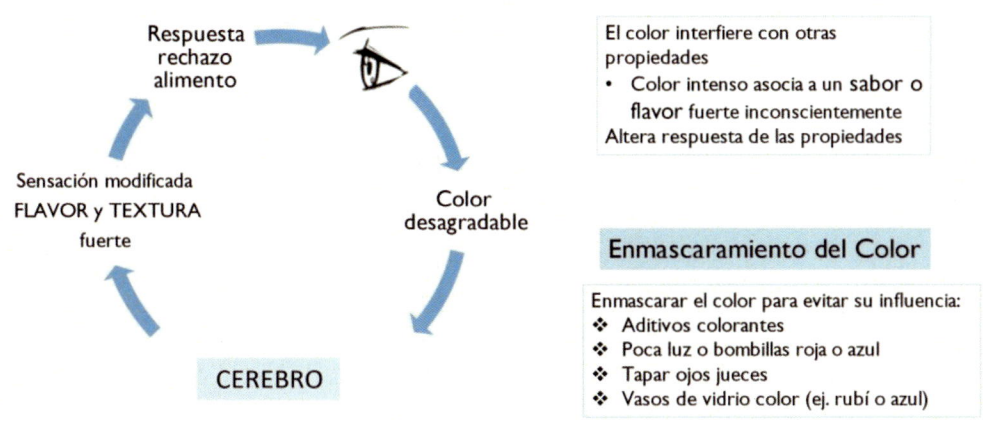

Figura 30. Medida sensorial del color.

Resumen

En este capítulo se ha abordado el sentido de la vista, cómo se produce la respuesta a un estímulo, como es una luz, y cómo los receptores, que son células situadas en la retina, bastones y conos presentan pigmentos fotosensibles de naturaleza carotenoide unidos a proteínas que están implicados en el mecanismo de la visión.

Los atributos principales que se perciben a través de los ojos son de vital importancia en un análisis sensorial. Entre estas propiedades sensoriales, sin duda la apariencia de un alimento hace que sea aceptado o rechazado.

Por otra parte, el color es el principal atributo en la calidad sensorial de los alimentos, frescos o elaborados, y debido a que el ojo humano no tiene capacidad para distinguir pequeñas diferencias de color, intensidad o luminosidad, se utilizan diferentes modelos para medirlo de forma instrumental.

Actualmente es el modelo Hunter Lab, mediante un colorímetro, el que se utiliza más, por su facilidad y por ser sencillo de interpretar sus datos.

En el siguiente capítulo, se estudiará el sentido del olfato, uno de los principales para distinguir alimentos y elegir el más apetecible, puesto que el olor y aroma de un alimento o bebida es fundamental y contribuye en un porcentaje elevado en el sabor de estos, junto con el sentido del gusto, pero sin olfato no seriamos capaces de distinguir un alimento de otro si tuvieran el mismo aspecto y textura.

Capítulo 4. El sentido del olfato

En este capítulo se estudian las sensaciones que percibimos a través del sentido del olfato, comenzando por una breve descripción de las características fisiológicas de la nariz y de cómo se produce el mecanismo de la transmisión del olor. Asimismo, se contemplan las teorías para explicar la bioquímica del olor en relación con las sustancias volátiles, responsables del olor y del aroma de los alimentos. Por último, se aborda cómo se lleva a cabo la evaluación sensorial e instrumental del olor de los alimentos. El capítulo se dividirá en los siguientes apartados:

1. **El sentido del olfato**
2. **Diferencia entre olor y aroma**
3. **Características fisiológicas de la nariz**
4. **Mecanismo de transmisión de la estimulación**
   - 4.1. **Mecanismo olfativo**
   - 4.2. **Teorías olfatorias**
   - 4.3. **Factores que afectan a la percepción del olor y aroma**
5. **Evaluación sensorial del olor**
6. **Medida instrumental del olor y aroma**

1. El sentido del olfato

El sentido del olfato es muy importante en el análisis sensorial, ya que nos permite percibir el olor de los alimentos y va a participar en gran medida en el sabor de estos. Además, es uno de los atributos que primero se percibe en un producto alimenticio y que puede hacer que sea aceptado o rechazado. La capacidad olfativa es muy variable según el individuo, y le afectan factores como la edad, entre otros. Con la edad disminuyen los receptores y, por tanto, la capacidad de oler, esto afecta directamente a la percepción del sabor: por eso a las personas ancianas se les debe dar alimentos sabrosos, con sabor y olor perceptible para que les resulten apetitosos. Por otra parte, en ocasiones se puede perder el sentido del olfato –esto se denomina anosmia– por alguna enfermedad, como un virus, por tratamientos médicos, medicamentos, etc.

Con el sistema de olfato percibimos tanto el olor como el aroma de los alimentos, producido por las sustancias olorosas u odoríferas. Estas sustancias producen diferentes olores y es muy difícil establecer una clasificación adecuada.

2. DIFERENCIA ENTRE OLOR Y AROMA

La percepción del olor procede de la evaporación de moléculas presentes en los alimentos que llegan a través del aire y se difunden en la nariz. Cuanto más volátiles sean estas moléculas aromáticas, a la temperatura que consumamos ese alimento o bebida, mayor número de receptores se estimulan en la nariz y más oloroso nos parecerá el alimento. Este olor se percibe por inhalación en la cavidad buco nasal antes de introducir el alimento o bebida en boca. Ahora bien, cuando comenzamos a ingerirlo y se calienta a la temperatura de la boca, se desprenden otras moléculas aromáticas que ascienden a la nariz y por la parte posterior de la boca: esto se llama *vía retronasal* y esta percepción se denomina "aroma".

El aroma es la percepción de las sustancias aromáticas de un alimento o bebida cuando están en la cavidad bucal y se disuelven en la mucosa de la boca llegando por detrás de la misma hasta los bulbos olfatorios. Como se verá en el siguiente capítulo, las sensaciones de olor y aroma influyen mayoritariamente en el sabor de los alimentos, de forma que, si perdemos la capacidad de oler, si no detectamos estas sustancias odoríferas, se verá afectado también el sabor.

En ocasiones las sustancias odoríferas que percibimos, cuando tenemos el alimento en boca, se denominan *aromas secundarios*, siendo, por tanto, la sensación de las sustancias del olor, antes de consumir el alimento o bebida, los *aromas primarios*. Este tipo de vocabulario es muy utilizado para algunos productos, así es empleado en enología, en la cata de cerveza, y en cata de aceite de oliva virgen.

3. CARACTERÍSTICAS FISIOLÓGICAS DE LA NARIZ

El sistema nasal visible consta fundamentalmente de la nariz que se abre al exterior por los orificios nasales, pero el sentido del olfato radica en el interior de la nariz y la zona facial cercana a la misma. Ahí existen unas regiones cavernosas cubiertas de una mucosa "pituitaria" con células y terminaciones nerviosas que reconocen los olores y transmiten al cerebro la sensación olfativa. Por tanto, las células olfativas son el "receptor" del estímulo *responsable* del olor y aroma. Este estímulo es de tipo químico, puesto que las sustancias volátiles son las responsables.

La mucosa pituitaria tapiza las paredes laterales del interior de la nariz. En la parte inferior, más cercana a los orificios, es de color rojizo y contienen glándulas secretoras que humedecen la cavidad nasal. En la parte superior del interior de la nariz esta mucosa es de color amarillo y ahí es donde se sitúan las células olfativas, con una superficie de unos diez centímetros cuadrados (cm^2). Las células olfativas reciben el estímulo y trasmiten las respuestas al cerebro. Existen entre 3 y 50 millones de células olfativas. Estas células en la superficie externa de la membrana de la mucosa presentan unas terminaciones nerviosas ciliadas rodeadas de una vesícula con secreción acuosa. Después, presentan un alargamiento que atraviesa el hueso, llegando al bulbo olfatorio donde se extienden hasta el cerebro (Fisher y Scott, 1997).

4. Mecanismo de transmisión de la estimulación

4.1. Mecanismo olfativo

La responsabilidad de que un alimento o una bebida tenga ciertos olores y aromas es de las sustancias olorosas, que son unos compuestos químicos volátiles que se encuentran en los alimentos en concentraciones bastantes bajas, de diez a 50 miligramos por kilo. Hay un gran número de sustancias distintas según el tipo de alimento, si es fresco o procesado y el tipo de elaboración.

Así, en algunos alimentos que se elaboran mediante procesos de fermentación, tostación, térmicos, etc. se forman muchos nuevos compuestos, por ruptura o degradación de unos compuestos y síntesis de otros, y por eso este tipo de alimentos puede llegar a contener más de 500 sustancias volátiles. En la percepción que se tiene tanto del olor como del aroma va a influir el tamaño molecular y las propiedades fisicoquímicas de las sustancias odoríficas. Además, se ha comprobado que la matriz del alimento también influye en la percepción del aroma; es decir, que no será lo mismo oler una sustancia en disolución, en una concentración determinada, que la percepción de ese mismo componente junto a otros volátiles integrados en la matriz de un alimento o en una bebida.

Existen hasta 10.000 compuestos identificados como volátiles y responsables del olor. Sin embargo, el sentido del olfato, en función del individuo, es capaz de distinguir entre 2.000 y hasta 4.000 compuestos volátiles. Estos compuestos para ser olidos deben ser solubles y estar en unas concentraciones superiores al umbral de identificación. En el caso de los alimentos, las concentraciones de las sustancias responsables del olor están en cantidades entre 10 y 50 miligramos por kilo (mg/kg). Cuando olemos un alimento o bebida, estos compuestos llegan por el aire a la nariz y a los receptores que están en la mucosa pituitaria. Estos receptores están en cantidades elevadas, existiendo entre 10 y 20 millones de células receptoras, aunque pueden disminuir por la edad, por déficit de vitamina D y por otras causas. Estos receptores transmiten la percepción al cerebro por el nervio simpático (figura 31).

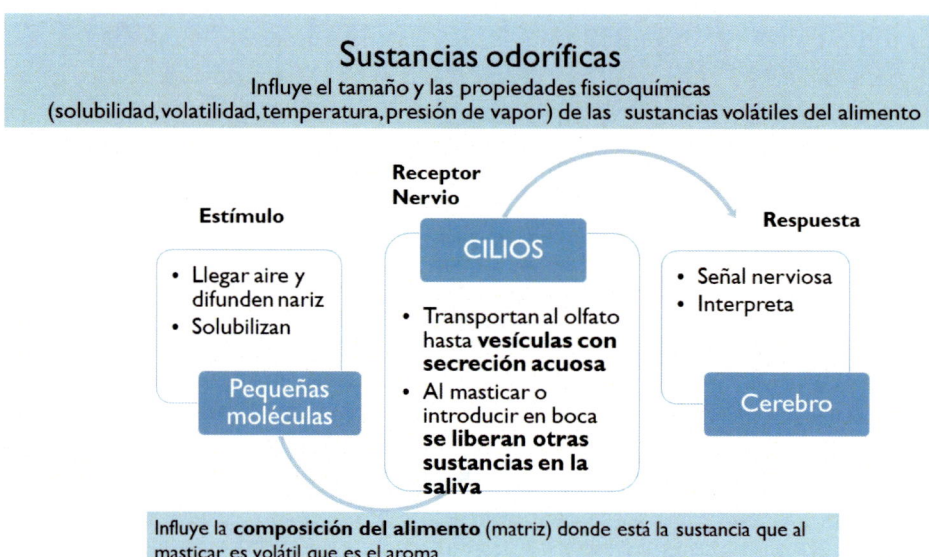

Figura 31. Percepción del olor y aroma

El proceso básico consiste en que un número suficiente de moléculas volátiles, de bajo peso molecular, se transportan por el aire hasta alcanzar la nariz. Posteriormente, llegan a la vesícula, donde son solubles en la secreción acuosa del bulbo olfatorio. Ahí el estímulo se transmite al cerebro que lo interpreta y produce una respuesta (Fisher y Scott, 1997).

Las membranas exteriores de los cilios son fundamentales para entender el proceso sensorial olfativo. En ellas hay moléculas de galactolípidos, con una parte externa hidrofílica con azúcares y otra parte interna lipofílica, y moléculas proteicas intercaladas, haciendo que se facilite el tránsito de ciertas sustancias volátiles. Cuando una sustancia volátil toca la membrana, se crea un túnel proteico donde están situados los receptores de las moléculas odoríferas, como se refleja en la figura 32.

La membrana nerviosa funciona mediante un mecanismo complejo en el cual se efectúa un transporte activo del sodio (Na) exterior con carga positiva a través de su membrana celular, y en el interior estarán las proteínas con carga negativa, lo que genera una diferencia de potencial.

Al tocar una molécula olfativa al receptor, en algún lugar de la membrana, esta se abre y el túnel proteico cambia de forma permitiendo el paso del ión Na^+, creando una señal que se transmite a lo largo del nervio hasta el cerebro.

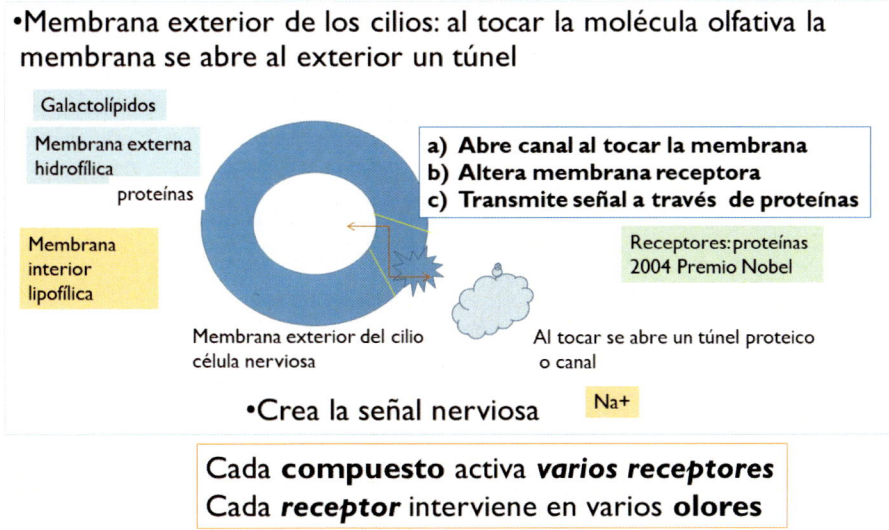

Figura 32. Mecanismo olfativo.

Las actividades eléctricas asociadas al sentido del olfato son de dos tipos, unas espontáneas e irregulares que aparecen sin estímulo y otras que serán regulares y que se darán en presencia de un estímulo, es decir, con sustancias odoríferas.

4.2. Teorías olfatorias

Las primeras teorías postulaban que existían nueve tipos receptores para nueve categorías de sustancias volátiles, de forma que los compuestos encajaban en los receptores como si fueran piezas de un puzle o la llave de una cerradura. Sin embargo, los últimos estudios dicen que existen receptores que reconocen varios tipos de olores. Esta explicación es compatible con la teoría postulada, ya que hay muchas fichas de la misma forma en un puzle, igual que puede existir una misma llave, maestra, que abra muchas puertas. Cada neurona olfativa responde a moléculas de diferente estructura. Por tanto, los receptores son capaces de reconocer a varios tipos de compuestos; es más lógico porque si no tendrían que existir millones de receptores para cada uno de los olores que existen (Sancho *et al.*, 1999).

La forma y tamaño de las sustancias odoríferas son responsables de la sensación olfativa cuando encajan en los receptores. A mayor peso molecular, en principio, mayor intensidad de olor. Sin embargo, cuando las moléculas, que generan el olor, son de muy bajo peso molecular, es el grupo funcional el que juega un papel fundamental en el tipo de olor, generalmente olores muy penetrantes. Así, un grupo amino puede dar olores desagradables y fuertes como el amoníaco; el grupo sulfhídrico olor a huevos podridos; o el grupo metil mercaptano a olores desagradables (Sancho *et al.,* 1999). Sin embargo, cuando va aumentando el tamaño de la molécula volátil, pierde la influencia el grupo funcional y gana importancia la estructura estereoquímica y naturaleza química. Entonces es su forma y tamaño, así como la longitud de cadenas hidrocarbonadas y la situación de dobles enlaces, los factores que influyen en la categoría del olor (Badui Dergal, 2013) (figura 33).

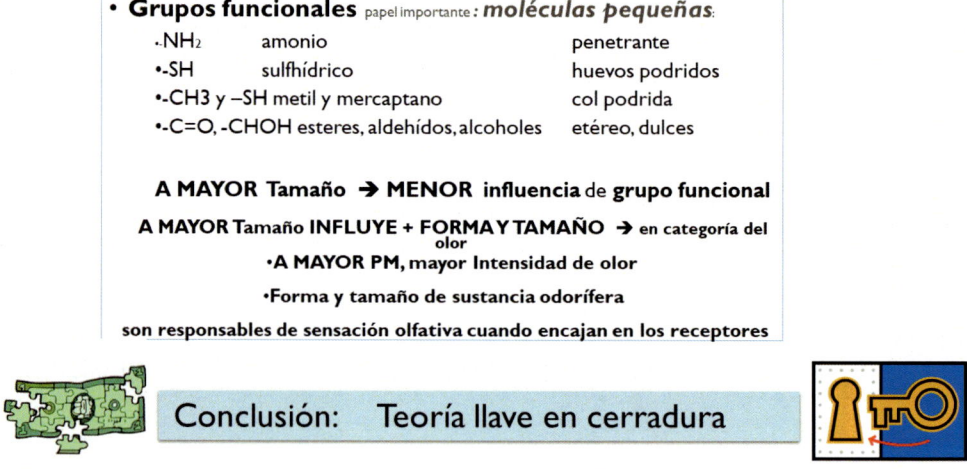

Figura 33. Teorías de la percepción del olor.

Por otra parte, se ha comprobado que la intensidad con que apreciamos un olor puede variar con el tiempo. Esto puede ser porque las moléculas odoríferas saturan los receptores de la mucosa y tardan en recuperarse. También puede darse lo que se denomina "persistencia", sensación olorosa que se aprecia cuando ya no estamos oliendo el alimento o bebida. Además, es habitual lo que se denomina como "adaptación" a estímulos repetidos: cuando el olor es fuerte, se va percibiendo con el tiempo de forma menos intensa, es decir, que la percepción no es constante. Asimismo, en ocasiones puede producirse lo que se denomina "enmascaramiento": esto se produce cuando algunos olores enmascaran parcial o totalmente a otros.

El cerebro se acostumbra a los olores, pero también se ha comprobado que, en la cata de alimentos, en el caso del olor es una impresión fuerte en el cerebro que tarda en recuperarse y, por tanto, hay que dejar pasar un tiempo para percibir otros atributos.

4.3. Factores que afectan a la percepción del olor y aroma

En la percepción del olor hay ciertos aspectos que pueden afectar, como son las personas catadoras, bien porque tengan mayor capacidad olfatoria, o bien por otras cuestiones, como la edad y la falta de receptores olfativos por alguna causa. Por ejemplo, si se obstruyera o inflamara la mucosa interior, por enfermedad o traumatismo o por consumo de medicamentos, la percepción se vería interrumpida o disminuida. Cuando no se perciben los olores se denomina *anosmia.* Por ejemplo, si las personas tienen un catarro o cualquier virus, el sentido del olfato puede verse afectado de forma leve o más severa, pudiendo estar durante un tiempo sin este sentido, como se ha visto con los contagiados por el virus SARS-CoV-2 que produce la enfermedad COVID-19. Un estudio realizado por investigadores de la Universidad de Nueva York y de Columbia, publicado en la revista *Cell,* expone que la infección por este virus reduce directamente la acción de los receptores olfativos. Esta es la razón por la que se pierde el olfato con el COVID-19 (Zazhytska, Kodra, Hoagland, Frere, Fullard, Shayya *et al.*, 2022).

No obstante, también influye la sustancia volátil. Sus propiedades, como la solubilidad, el peso molecular, la estructura, la presión de vapor a la temperatura a la cual es olido el alimento, así como su concentración en el él, serán factores que influirán en la detección del olor.

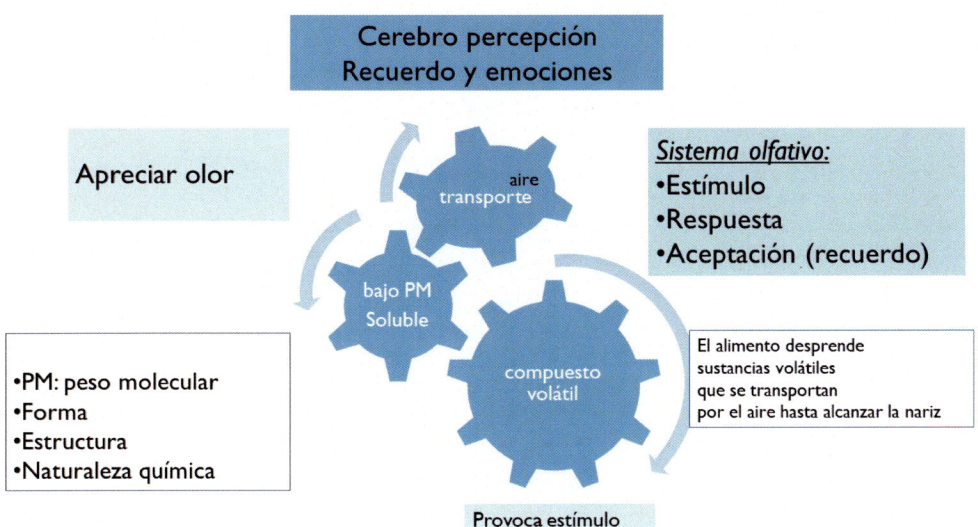

Figura 34. Factores que afectan al olfato.

El sistema olfativo se estimulará con los compuestos volátiles y provocará una respuesta en el cerebro. La percepción y aceptación de los olores están muy ligados a los recuerdos porque están cercanos en el cerebro. Por eso, habrá olores que nos transporten a nuestro pasado de forma mucho más intensa que una visión de una fotografía (figura 34).

Sin embargo, para que se produzca la transmisión del olor de un alimento se debe dar no solo la presencia de los compuestos volátiles que dan olor o aroma a un alimento, sino que deben estar en una concentración, en el alimento, superior al denominado umbral de identificación olfatorio; solo una pequeña proporción de las sustancias volátiles presentes en el alimento van a tener repercusión en el olor, y serán aquellas que estén por encima de una concentración suficiente para identificarlo. Por ejemplo, el café tostado contiene más de 700 compuestos volátiles, pero solo un pequeño número de sustancias va a influir en su aroma. En algunos alimentos y bebidas, existen los denominados compuestos impactos, que al olerlos reconocemos de que producto se trata. Generalmente suelen ser de un compuesto impacto y a veces pueden ser un número variado de dos o tres sustancias que al ser olidas nos indicarían de que alimento se trata (figura 35).

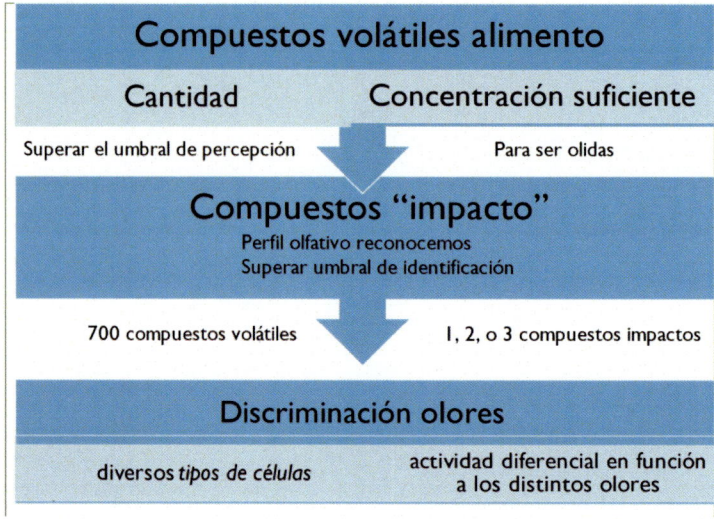

Figura 35. Transmisión de compuestos volátiles del alimento.

Por otra parte, se ha comprobado que los compuestos, que son responsables del olor y aroma pueden cambiar el tipo de olor según su concentración. Así, el aldehído *trans* 2-enal tiene olor a madera a concentraciones muy bajas, olor a grasa si se aumenta la concentración y un olor desagradable cuando la concentración es alta (figura 36).

Además, también en el caso de aldehídos se ha visto que el número de carbonos de una cadena y la posición de dobles enlaces puede hacer cambiar la percepción de los olores.

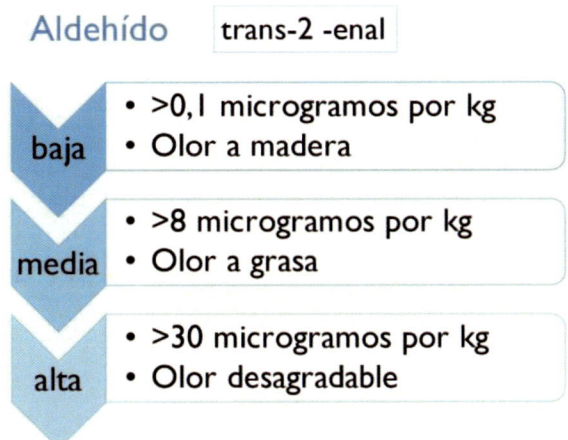

Figura 36. Percepción variable en función de la concentración.

Según el tamaño y número de dobles enlaces y posición de estos, varía completamente el tipo del olor: incluso se pasa de un olor agradable a plátano, nuez a un olor a rancio o manzanas podridas, respectivamente, siendo además el umbral de detección muy variable (Badui Dergal, 2013).

5. Evaluación sensorial del olor

La evaluación sensorial debe hacerse de forma rápida, con breves aspiraciones con fuerza y retirando la nariz.

Para realizar pruebas básicas de reconocimiento de olores, se hacen disoluciones con las sustancias aromáticas, disueltas en etanol y posteriormente diluidas en agua. Las proporciones vienen indicadas en las normas UNE-ISO 5496:2007 (AENOR, 2010). Se suelen utilizar recipientes con tapón de rosca que se destapan y huelen, anotando una descripción inicial de alguna sustancia conocida. Algunos de los descriptores utilizados son olor a anís, a especiado, a floral, a hierba, a setas, a mantequilla rancia, a melocotón, etc., como se describen en las normas UNE_ISO mencionadas. Posteriormente, se puede calentar con las manos ligeramente y se vuelve a oler para concretar la percepción. También se pueden utilizar tiras delgadas impregnadas de la disolución con la sustancia aromática y colocadas en un bote cerrado. Por último, se pueden usar *microencapsulados* que se presentan en una tarjeta y es necesario rascar la parte donde esta adherido el olor encapsulado (Anzaldúa-Morales, 1994).

Las categorías de olores que se proponían en los siglos XVIII-XIX eran inicialmente siete olores "primarios" propuestos por Linneo: fragante, aromático, ambrosiaco, aliáceo, caprílico, fétido y nauseabundo; posteriormente Zwaardemaker, en 1895 incluyó dos más, etéreo y quemado. Más tarde, Henning propuso, en 1964, seis olores: fragante o floral, etéreo, resinoso o leñoso, especiado, pútrido y quemado o ahumado, que han servido como la base de posteriores clasificaciones con nueve olores. Estos olores considerados básicos no significan que sean los únicos –como ocurre con los sabores básicos, que se reflejará en el capítulo 5–, sino que son los que se utilizan actualmente; no obstante, existen muchos más términos para describir los olores y los aromas de muchos productos (figura 37).

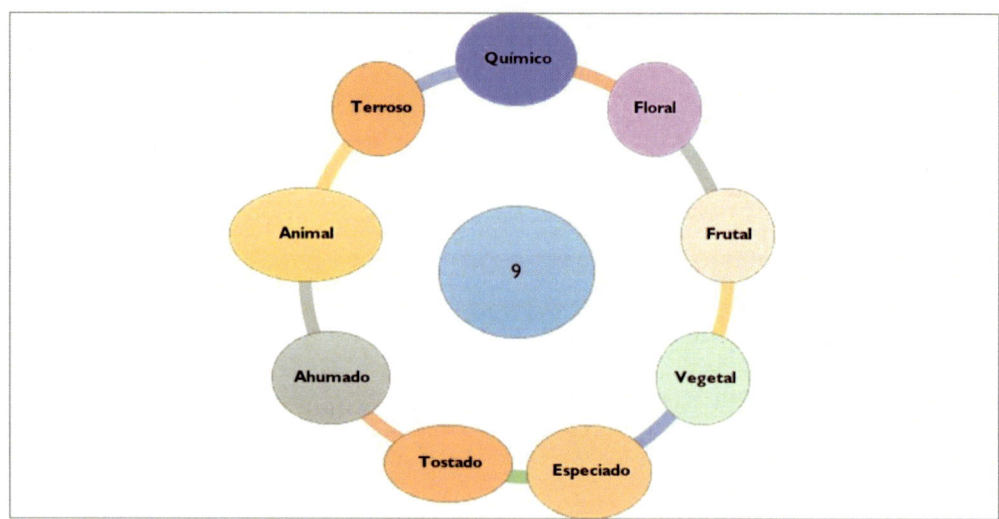

Figura 37. Categorías de olores básicos de los alimentos y las bebidas.

A partir de esas nueve categorías derivan otros muchos descriptores para definir el olor y aroma de los productos alimenticios. Berodier, Lavanchy, Zannoni, Casals y Herrero, en 1997, fueron los que propusieron estos descriptores de olores y aromas clasificados en familias y subfamilias (tabla 2) mediante una rueda que es utilizada en muchas catas de alimento.

Tabla 2. Clasificación de familias, subfamilias con descriptores de olores
y aromas de los alimentos y las bebidas.

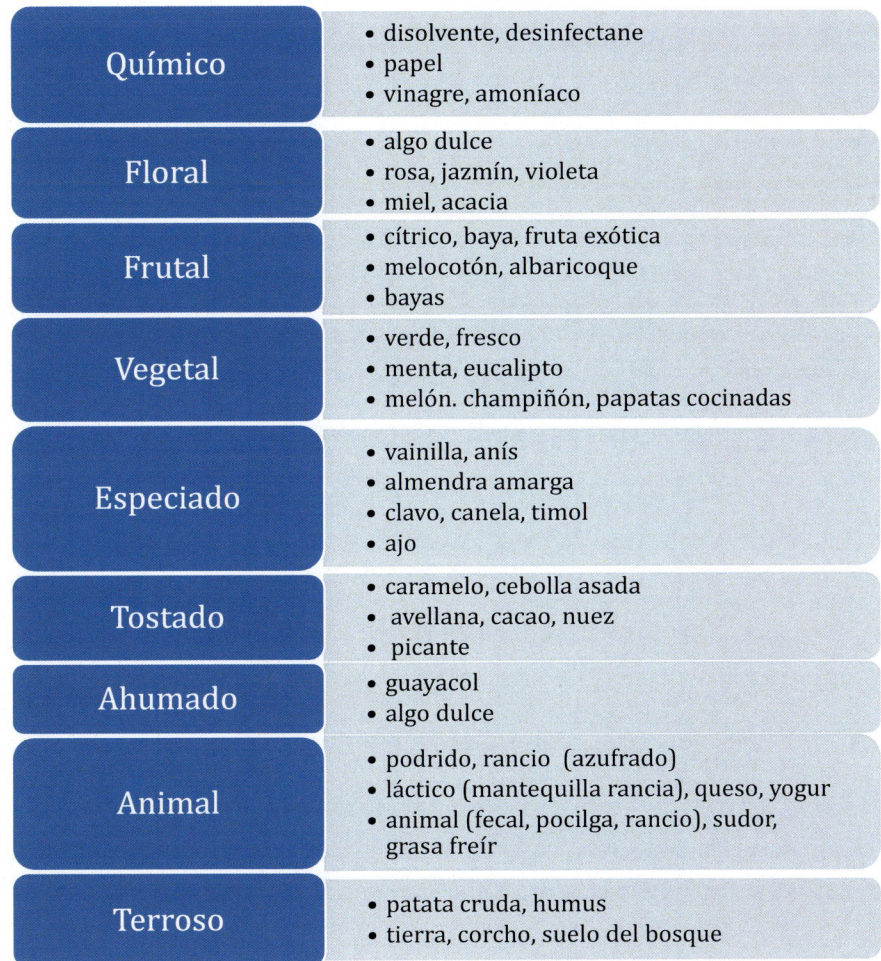

Químico	• disolvente, desinfectane • papel • vinagre, amoníaco
Floral	• algo dulce • rosa, jazmín, violeta • miel, acacia
Frutal	• cítrico, baya, fruta exótica • melocotón, albaricoque • bayas
Vegetal	• verde, fresco • menta, eucalipto • melón. champiñón, papatas cocinadas
Especiado	• vainilla, anís • almendra amarga • clavo, canela, timol • ajo
Tostado	• caramelo, cebolla asada • avellana, cacao, nuez • picante
Ahumado	• guayacol • algo dulce
Animal	• podrido, rancio (azufrado) • láctico (mantequilla rancia), queso, yogur • animal (fecal, pocilga, rancio), sudor, grasa freír
Terroso	• patata cruda, humus • tierra, corcho, suelo del bosque

Otra forma de aplicación es utilizar los términos más adecuados para cada alimento, así, para realizar la cata de quesos, se utilizan descriptores agrupados en las siguientes familias:

- Láctica (leche fresca, acidificada, corteza de queso)
- Vegetales (hierba, verdura cocida, ajo, cebolla, madera)
- Florales (miel, rosa)
- Afrutados (avellana, nuez, cítricos, plátano, piña, manzana, aceites)
- Torrefactos (bizcocho, vainilla, caramelo, tostado)
- Animales (vaca, establo, cuajo, estiércol)
- Especias (pimienta, menta, clavo de olor)
- Otros (propiónico, rancio, jabón, ensilado).

En otros alimentos se utilizan una serie de términos habituales para describir un aroma determinado: según cómo sea ese producto es variable el vocabulario, a veces son procedentes de productos naturales sin tratamiento de fermentación ni procesos térmicos, como es el aceite de oliva virgen, y en otros casos son bebidas fermentadas como el vino o la cerveza, o son productos de panadería o derivados cárnicos, que han sido elaborados con diferentes técnicas -fermentación, tostación, ahumado- que provocan la formación de una elevada cantidad de compuestos volátiles (Fennema 2000) (figura 38).

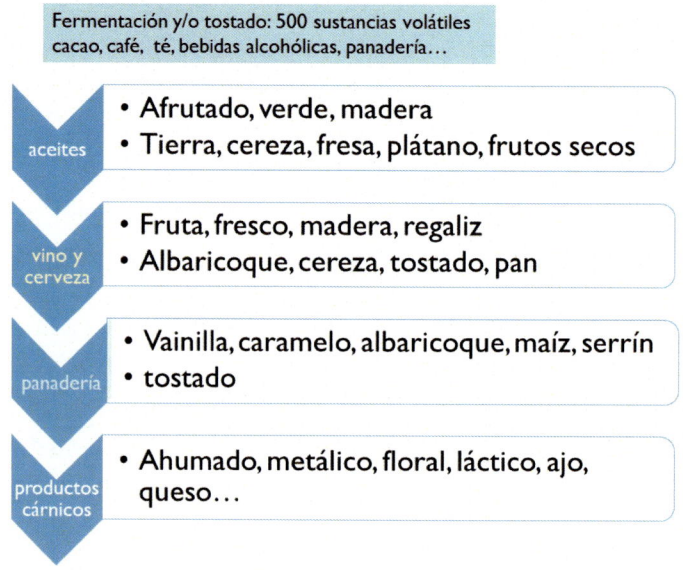

Figura 38. Términos para describir el olor y el aroma de algunos alimentos.

6. Medida instrumental del olor y aroma

La nariz electrónica u "olfatómetro" es un sistema de detección capaz de reconocer familias de compuestos aromáticos, tales como aldehídos, cetonas, fenoles, alcoholes... en combinaciones y 16 intensidades distintas, así como de realizar un análisis del perfil aromático de la muestra. Además, permite la interpretación de las medidas efectuadas a tiempo real y de forma simple, dado que no requiere de una preparación previa de la muestra.

La nariz electrónica está formada por un conjunto de sensores que responden a un gran número de sustancias, las cuales son procesadas y almacenadas en una base de datos para que en posteriores análisis puedan ser reconocidas y, de esta manera, desarrollar una especie de memoria olfativa. Así, cuando se quiera analizar un nuevo aroma, la red de sensores lo clasificará dentro de los compuestos que conoce, o bien los separará como agentes desconocidos. El número y tipo de sensores, así como su selectividad y sensibilidad, variará en función de la práctica a la que se destine. Supone una alternativa prometedora a la cromatografía de gases (GC) (Gliszczyńska-Świgło y Chmielewski, 2017). A su vez, esta tecnología despierta un gran interés debido a sus múltiples aplicaciones en la industria alimentaria:

- La detección de adulteraciones en productos lácteos. Se demostró que con el uso de la nariz electrónica se podían identificar leches desnatadas manipuladas con leche en polvo reconstituida o con agua (Yu, Wang y Xu, 2007). Otros artículos probaron su eficacia para garantizar la autenticidad de quesos con Denominación de Origen Protegida (DOP), atendiendo a sus perfiles de compuestos volátiles (Majcher, Ławrowski y Jeleń, 2010) y también a las técnicas de fabricación empleadas y el tiempo de maduración (Cevoli, Cerretani, Gori, Caboni, Gallina Toschi y Fabbri, 2011).

- Se han realizado con éxito varias investigaciones sobre el potencial de la nariz electrónica para diferenciar el origen geográfico de distintos aceites de oliva virgen marroquí en función de su perfil volátil (Haddi, Amari, Ali, Bari, Barhoumi, Maaref, 2011). A su vez, ha demostrado ser una técnica muy prometedora para la detección rutinaria de adulteraciones del aceite de oliva virgen extra con aceites vegetales de menor precio (Jelén y Mildner-Szkudlarz, 2010; Wojnowski, Majchrzak, Dymerski, Gębicki y Namieśnik, 2017).

- Los resultados de varios estudios indican que la calidad de la miel puede confirmarse no solo utilizando métodos cromatográficos y fisicoquímicos, sino también con el uso de este dispositivo (Wiśniewska, Śliwińska, Dymerski, Wardencki y Namieśnik, 2016).

- Para obtener más información sobre cómo afecta el almacenamiento en frío y la maduración sobre el perfil volátil de las frutas. En un estudio se determinó el aroma de dos lotes de albaricoques de la variedad *Castlebrite* en diferentes etapas de maduración con la ayuda de tres técnicas: la cromatografía de gases-espectrometría de masas (GC-MS), una nariz electrónica y un panel sensorial. Curiosamente, a pesar de que los sistemas de GC y nariz electrónica fueron capaces de diferenciar con éxito entre las dos etapas de maduración de las muestras examinadas, el panel sensorial no pudo identificar ninguna variación entre ellas (Defilippi, Juan, Valdés, Moya-León, Infante y Campos-Vargas, 2009).

Resumen

El olfato es uno de los sentidos fundamentales en el análisis sensorial, ya que participa en la percepción del sabor de los alimentos. Los compuestos responsables del olor son sustancias solubles en agua, volátiles a temperatura ambiental y corporal, y suelen ser de bajo peso molecular y de muy diferente naturaleza. El ser humano es capaz de reconocer 700 sustancias odoríferas, dependiendo mucho del individuo y sus circunstancias, como el entorno, la edad, la costumbre, las patologías y los receptores del olfato. Estos últimos están situados en la parte superior de la nariz, en la mucosa pituitaria, donde se encuentran los cilios que acaban en el bulbo olfatorio, que es donde la respuesta se trasmite al cerebro, en una zona cercana a los recuerdos, de ahí que se asocien a sustancias olorosas cuando se huele y se reconocen en nuestra memoria.

El mecanismo olfativo consiste en que varios receptores reconocen a múltiples moléculas, y son capaces de estimular la membrana de las células donde se sitúan unas proteínas responsables de que se abra un túnel y se produzca una señal o estimulación eléctrica, que llega al cerebro y la transforma en una respuesta. Para ser olidas, las sustancias tienen que estar en una concentración por encima del umbral de identificación.

El grupo funcional de las sustancias que proporcionan olor a los alimentos y bebidas es importante cuando son compuestos de muy bajo peso molecular. A mayor peso molecular, serán la forma, tamaño y estructura tridimensional los factores que determinaran el olor.

Varios receptores reconocen diferentes sustancias volátiles.

Existen varias clasificaciones de olores primarios, aunque son de hace años. Sí que se conocen los compuestos que determinan el olor en productos frescos, frutas y verduras; los que imprimen un olor característico en productos de panadería o tostación; los compuestos de productos curados; y los olores del vino, cerveza y aceite de oliva. Habrá un vocabulario adecuado que describa los olores según el producto. Además, se suelen utilizar escalas numéricas para definir la intensidad de estos olores.

En el siguiente capítulo se aprenderá sobre el sentido del gusto, que va a estar muy relacionado con el olfato y se conocerán los sabores básicos, así como otras sensaciones relacionadas con el sabor y flavor.

Capítulo 5. El sentido del gusto

En este capítulo se abordan los atributos asociados al gusto, que son el sabor y el flavor, ambos muy relacionados con el olfato. Se exponen las características fisiológicas del sentido del gusto, cuáles son sus receptores y cómo se trasmite al cerebro. Asimismo, se reflejan los conceptos de sabor y flavor, además de conocer cuáles son los cinco sabores básicos. Además, se estudian las propiedades somatosensoriales que, no siendo estrictamente sabores, están muy asociadas a la percepción de este, ya que se apreciarán también en la cavidad bucal. Asimismo, se describen los factores que influyen en la sensación percibida con el gusto. Por último, se reflejan las diferencias entre los sabores básicos en cuanto al tiempo que tardan en percibirse y en desaparecer, puesto que va a ser distinto para cada uno de ellos. Se seguirá el siguiente índice:

1. **El sentido del gusto**
2. **Características fisiológicas**
3. **Mecanismo de transmisión**
4. **El concepto del sabor y del flavor**
5. **Percepción de los diferentes sabores básicos**
   5.1. **Sabor dulce.**
   5.2. **Sabor amargo**
   5.3. **Sabor ácido**
   5.4. **Sabor salado**
   5.5. **Sabor umami**
6. **Sensaciones trigeminales**
   6.1. **Astringencia**
   6.2. **Efecto picante**
   6.3. **Sensaciones térmicas**
   6.4. **Otras sensaciones asociadas al gusto**
7. **Factores que afectan a la percepción del sabor**
8. **Percepción y fatiga de los sentidos básicos**
9. **Evolución de las percepciones**
10. **Lengua electrónica**

1. El sentido del gusto

El sentido del gusto reside en la cavidad bucal, principalmente en la lengua, pero también en el paladar, velo del paladar y campanilla o úvula. Este sentido es el más importante de todos en la aceptación de un alimento, ya que es un fenómeno asociado de gusto y aroma. Por tanto, si de un alimento se dice ¡qué bueno o qué rico está! nos referimos fundamentalmente al sentido del sabor.

La aceptación inicial del alimento viene dada por su aspecto, gusto y textura, pero el sabor es el fenómeno sensorial que se necesita para juzgar un producto alimenticio.

Se puede decir que la aceptación de un alimento es el resultado de un proceso psicofisiológico, por lo que tiene una marcada vertiente subjetiva.

El sabor y el olor se clasifican como sentidos químicos, ya que el estímulo lo producen sustancias químicas, en contraste con otros sentidos que son físicos, como la vista, que percibe un color, o el tacto, que percibe la textura o la consistencia.

Las sustancias que dan aroma y sabor tienen similitudes y diferencias que se reflejan en la figura 39. Tienen en común que son solubles en agua y que su percepción depende de su estructura, estereoquímica y presencia de grupos funcionales. Sin embargo, en las sustancias aromáticas son compuestos volátiles y de bajo peso molecular, mientras que las sustancias sápidas son compuestos no volátiles y de mayor peso molecular. Hay que señalar que un mismo compuesto puede contribuir al olor y sabor típico de un alimento y sin embargo causar un olor o sabor extraño en otro.

Por otra parte, no se debe olvidar la idea de que la percepción del sabor y olor es simultánea. El sabor, para un consumidor, es un conjunto de sensaciones que percibe cuando está degustando o catando un producto. En este conjunto de sensaciones intervienen fundamentalmente el gusto y el olfato, pero puede influir el sentido del tacto y del oído; además, pueden afectar las sensaciones de otros receptores que perciben las sensaciones térmicas, como el sabor picante o la astringencia.

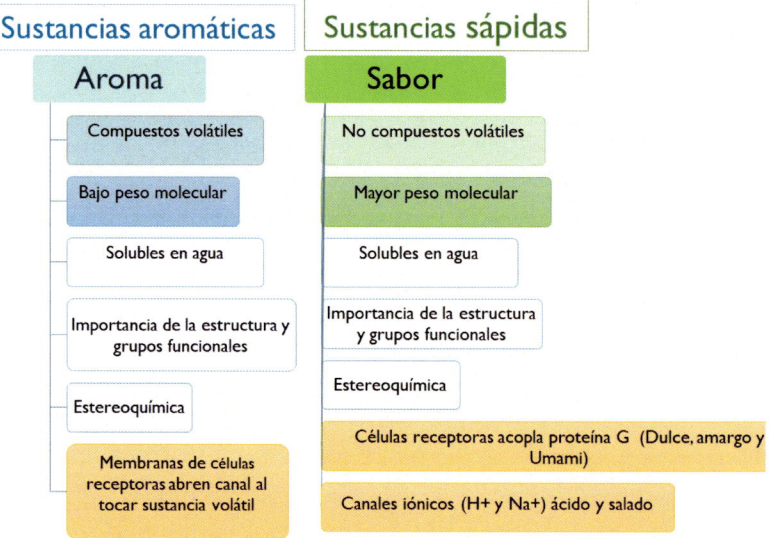

Figura 39. Diferencias y similitudes de las sustancias aromáticas y sápidas.

El sentido del gusto reside en las papilas gustativas, donde están los receptores de los diferentes sabores –o sería más correctos decir gustos–. El gusto comienza cuando el alimento está en boca y se tritura con los dientes, si es sólido, extrayendo los líquidos por aplastamiento de la lengua contra el paladar. Así –de esta forma– las sustancias sápidas se disuelven en la saliva. Esta última también tiene un efecto lubricante, aspecto crítico en productos orientados a personas con disfagias o ancianos.

A continuación, el bolo alimenticio se desliza al esófago y a continuación por deglución al estómago. Durante estos movimientos, la epiglotis se cierra y el velo paladar se mueve, rechazando el aire. Una vez que se ha tragado, vuelve el aire a entrar impregnando el olor y el aroma *vía retronasal* del alimento (Cordero-Bueso, 2017).

2. Características fisiológicas

La lengua está recubierta por una membrana que cubre la superficie, ahí se sitúan unos granitos pequeños que se llaman papilas. Hay alrededor de unos 4000-6.000, que se renuevan cada 10-12 días y disminuyen con la edad, en los que se localizan los receptores o botones gustativos. Estos botones receptores están formados por un grupo de células entre dos y doce, están ordenadas y soportadas por tejido epitelial que las rodea con forma de gajos de mandarina. En las células, en el extremo superior, hay unos cilios que se extienden, a través de un poro de la capa de mucosa, a la superficie de la lengua (Sancho *et al*., 1999).

El sabor será la sensación que se percibe cuando una sustancia sápida se disuelve y difunde a través del poro y alcanza la célula receptora unida a la fibra nerviosa (figura 40). No obstante, existe una teoría que indica que realmente las papilas gustativas de la lengua no son los únicos lugares, sino que se han hallado nuevos receptores en zonas del pulmón, en los bronquios; estos son receptores sensibles al sabor amargo y fueron investigados en la Universidad de Maryland (EE.UU.) (An y Liggett, 2018).

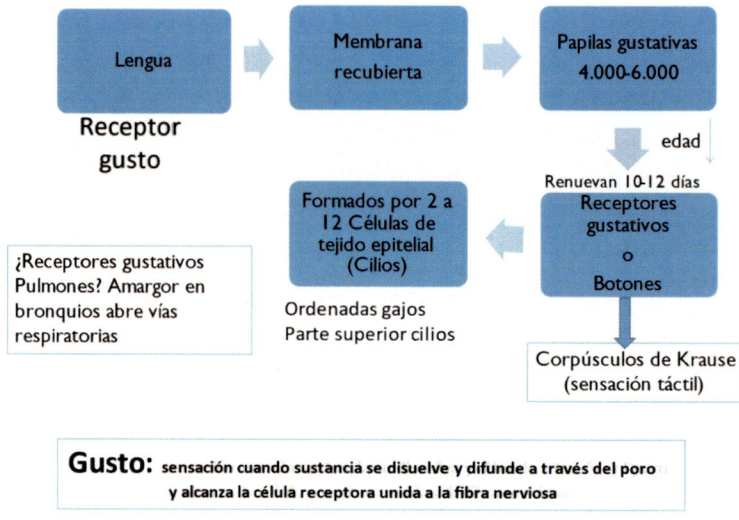

Figura 40. Características fisiológicas de la lengua.

Las papilas se clasifican en diferentes tipos (Sancho *et al.*, 1999) que tendrán distintas funciones (figura 41):

- Foliadas, que no influyen en la sensación del sabor.

- Filiformes, hay unas 2000 dispuestas en forma paralela Diferencian estímulos ya que detectan estímulos de tipo táctil, astringente, sensación térmica y de dolor, es decir, que diferencian estímulos químicos, calóricos y eléctrico o de dolor.

- Fungiformes, son menos numerosas, unas 1000. Son más gruesas, situadas en la punta y laterales de la lengua. En ellas están situados la mayoría de los receptores más sensible al gusto ácido y dulce.

- Caliciformes, situadas en los laterales y parte posterior de la lengua, son receptores más sensibles al gusto amargo y salado.

No obstante, la teoría de la distribución de sabores que se perciben de forma más acusada en unas zonas específicas de la lengua está discusión y actualmente es muy discutible que sea así en realidad; no obstante, se puede observar en muchos libros de texto.

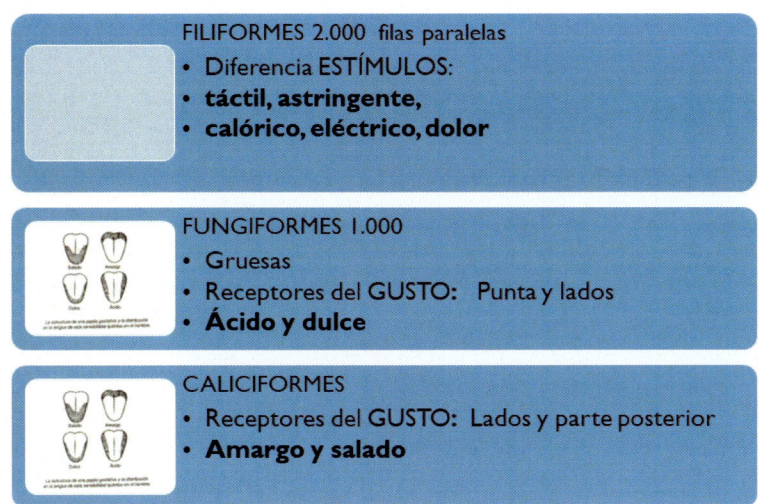

FILIFORMES 2.000 filas paralelas
- Diferencia ESTÍMULOS:
- **táctil, astringente,**
- **calórico, eléctrico, dolor**

FUNGIFORMES 1.000
- Gruesas
- Receptores del GUSTO: Punta y lados
- **Ácido y dulce**

CALICIFORMES
- Receptores del GUSTO: Lados y parte posterior
- **Amargo y salado**

Figura 41. Diferentes tipos de papilas.

3. Mecanismo de transmisión

Para que las sustancias sápidas transmitan su estímulo deben ser solubles en la saliva. Es un líquido incoloro que actúa como tampón del pH de la boca, y además contienen enzimas, tales como amilasas, por lo que es en la boca donde se inicia la digestión de los alimentos. Además juega un papel de dilución de los alimentos y ayuda a su masticación. La saliva está situada en las glándulas salivares situadas en la cavidad bucal, debajo de la dentadura, en la parte más profunda y al final de la dentadura. La cantidad de saliva que se segrega depende mucho de cada persona, del momento fisiológico y también del sabor de los alimentos y bebidas que se estén degustando. Generalmente se libera más cantidad de saliva cuando el sabor es amargo, para diluirlo puesto que no es un sabor agradable, si la intensidad es elevada y menos cuando es dulce; además se segrega saliva simplemente viendo, por ejemplo, comer un limón u oliendo comida que se está cocinando.

El mecanismo de transmisión para dar una respuesta al estímulo percibido es debido a la intervención de diversos nervios mayores que reciben la información y la integran al cerebro. Éstos son el facial, glosofaríngeo y vago que se sitúan en la lengua (Fisher y Scott, 1997).

De este modo, una sustancia química, que es el estímulo, se difunde por el poro, llega a la célula receptora y se transmitirá por las fibras nerviosas que tienen y a través de estos nervios que se inician en la lengua hasta la parte del cerebro, en la zona del tálamo de la corteza cerebral, donde se interpreta la sensación percibida (figura 42).

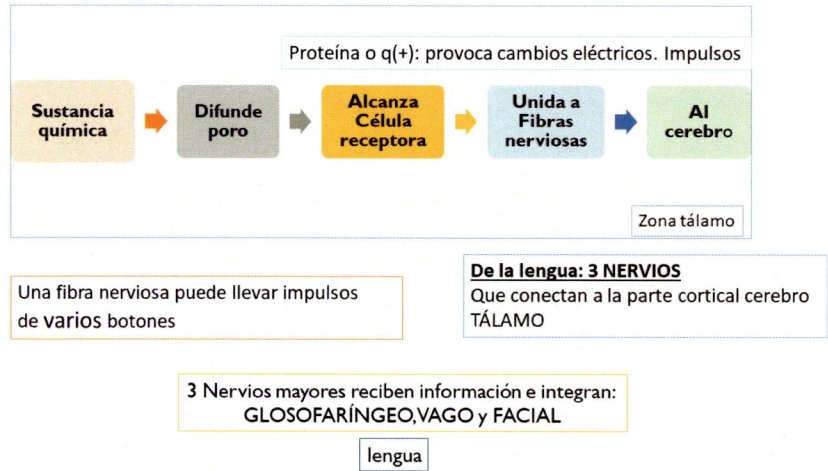

Figura 42. Mecanismo de transmisión de la sensación del sabor.

4. EL CONCEPTO DEL SABOR Y DEL FLAVOR

El sabor implica una percepción global por excitación de los sentidos del gusto y del olfato, y en muchas ocasiones influida por otros tipos de estímulos, como táctiles, visuales y sonoros. Luego cuando se dice sabor, no solo se refiere al gusto de un alimento, sino que es una respuesta compleja de muchas sensaciones y con la participación de muchos sentidos, y el resultado será el que se acepte o se rechace el consumo de un producto alimenticio. El sabor es la sensación sensorial que ciertas sustancias producen en la cavidad bucal, en la superficie de la lengua donde residen los receptores del gusto, pero influido con lo que se percibe a través de otros sentidos, por el tacto, oído y vista (figura 43).

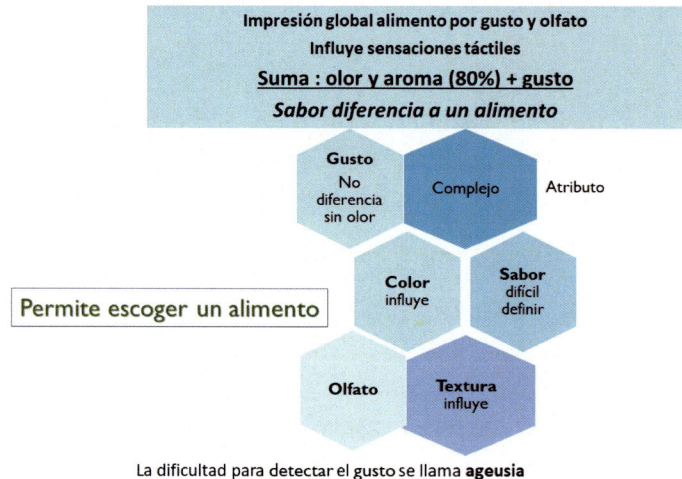

Figura 43. El sabor es lo que diferencia a un alimento.

El sabor global de un alimento suele ser combinación de varios sabores; no obstante, existen lo que se denominan *sabores básicos*, aunque sería más correcto nombrarlos gustos.

Existe una teoría de "mapa de la lengua" donde se indican las zonas donde se perciben de forma más intensa cada uno de los sabores básicos. De forma que, según esa hipótesis, el sabor dulce se reconocerá en la punta de la lengua, el sabor ácido en la parte lateral delantera de la lengua, el sabor salado en la parte lateral posterior y el sabor amargo en la parte del fondo de la lengua.

Actualmente existe la hipótesis contraria, y es que los sabores básicos se pueden percibir en toda la lengua porque los receptores están repartidos por igual en su superficie y son capaces de reconocer cualquier sabor (Smith y Margolskee, 2001):

Los sabores básicos son:

- Dulce, como la sacarosa o azúcar
- Ácido, como el ácido cítrico
- Salado, como el cloruro sódico, la sal común
- Amargo, como la quinina o la cafeína
- Umami, el último en incorporarse en 1908 y cuyo receptor se descubrió en el año 2002. Es el más difícil de definir. La sustancia más representativa es el glutamato monosódico, pero también el sabor umami puede detectarse en alimentos como el queso parmesano, los espárragos, las setas, los extractos de carne, algunas algas y en el maíz.

Otra teoría es que, aunque sea en la lengua donde se sitúan los receptores, la sensación de un sabor reside en el cerebro. En experimentos publicados en la revista Nature por Peng, Gillis-Smith, Jin, Tränkner, Ryba y Zuker (2015) vieron que, cambiándoles un grupo de neuronas a ratones, el agua podía tener sabor dulce o amargo porque es en el cerebro donde se procesa la información.

Concepto de flavor

Es un término que procede del inglés; es un concepto más amplio que el sabor, porque se define como el conjunto de sensaciones que percibe el consumidor cuando tiene el alimento en boca y lo ingiere. En resumen, es el resultado de una percepción multisensorial en la cual están implicados todos los sentidos y el sistema somatosensorial; además están incluidos los procesos psicofisiológicos, por lo que tiene una marcada vertiente subjetiva. Participa el sentido del gusto con sus papilas para percibir los componentes del sabor, el olfato con los receptores en el epitelio olfatorio percibiendo los compuestos volátiles y otros receptores como el nervio trigémino, que se verá a continuación en el apartado 6 de este capítulo, y que pueden ser sensaciones térmicas de dolor, además de otras percepciones táctiles y del oído. Es decir, todos los sentidos participan en el flavor de un alimento y además influye el entorno, la música, sonidos ambientales, el color de la vajilla, el lugar y las emociones (Fisher y Scott, 1997; Cordero-Bueso, 2017).

5. Percepción de los diferentes sabores básicos

La percepción de los sabores básicos no se explica con el mismo mecanismo para todos, en algunos casos existe un receptor específico para ese estímulo en la célula receptora, que tienen naturaleza proteica, y en otros la explicación del mecanismo se explica por diferencias de cargas en el interior y exterior de la célula receptora.

En cuanto a la concentración necesaria de una sustancia para poder ser percibida, ya se explicó en la parte I, en el apartado de umbrales, el concepto de concentración umbral. Esta será la concentración más baja de un compuesto que puede ser directamente reconocida por su sabor. Esta concentración depende del compuesto, pero hay otros factores que se explicarán en el apartado 7; por ejemplo, la temperatura a la que se consume el alimento o bebida, que también pueden afectar al reconocimiento de un sabor.

5.1. Sabor dulce

El sabor dulce se asociaba en un principio a las moléculas que contenían grupos hidroxilos y un grupo carbonilo (aldehído o cetona), que eran los azúcares, como los monosacáridos o disacáridos, como la glucosa y sacarosa, respectivamente; e incluso los trisacáridos, como la maltotriosa. Sin embargo, los polialcoholes como el xilitol, sorbitol, manitol y otros en los que no existía el grupo carbonilo también tenían sabor dulce, por lo que se dedujo que el dulzor era responsabilidad de los grupos hidroxilos. No obstante, cuando se fueron descubriendo los edulcorantes acalóricos naturales, como el esteviósido, o sintéticos, como la sacarina, el aspartamo o el acesulfamo, se comprobó que su estructura era muy diversa y no tenían en común ningún grupo funcional que presentaban los anteriores compuestos dulces. Por eso, a lo largo de 70 años se han ido estudiando los posibles mecanismos. La teoría actual es que es necesario la presencia de 2 átomos, A y B, que sean electronegativos, como el oxígeno (O), nitrógeno (N) o cloro (Cl), y que el átomo A esté asociado con un átomo de hidrógeno (H), y un receptor X que sea apolar que estará en la lengua. Es decir, la presencia de un sistema: AH/B/X. De este modo, el sabor dulce aparece cuando se forman enlaces de hidrógeno intermoleculares, entre el par AH-B de la molécula dulce y una unidad similar en los receptores de la boca, siempre que la distancia entre los átomos A y B sea entre 2.5 y 4 angström (Å). Además, influye la posición del grupo hidroxilo OH y la estereoquímica de la molécula, así la configuración dextrógira (D), como el aminoácido D-Triptófano, sí da sabor dulce, mientras que el triptófano levógiro (L) tendría sabor amargo. Está teoría se amplió con la presencia de un grupo hidrófobo X en una determinada posición formando un triángulo con los otros átomos A y B; se denomina Triángulo de Kier, que parece que explicaría mejor la intensidad del dulzor (Fennema, 2000) (figura 44).

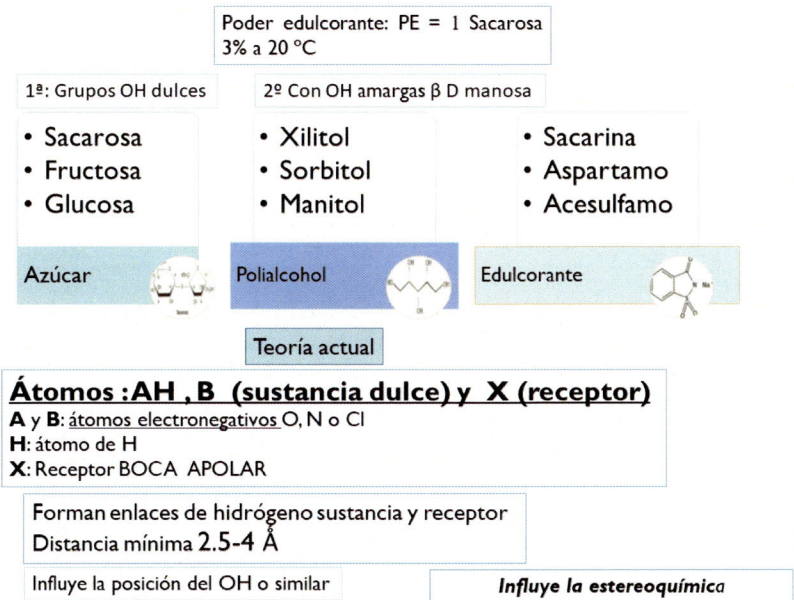

Figura 44. Teoría del sabor dulce.

En cuanto a las células receptoras, tanto para los estímulos dulce, amargo y sabor umami existen unos receptores específicos, para cada uno de ellos, que se acoplan a un complejo proteico G, denominado gustoducina en el caso del dulce.

Se ha descrito que los sabores dulce y umami son percibidos únicamente por los receptores TAS1R, una pequeña familia de proteínas GPCR que en las personas incluyen 3 miembros: TAS1R1, TAS1R2 y TAS1R3 (Fernandez Bujanda, 2020).

La intensidad del sabor dulce se suele referir como el Poder edulcorante (PE) respecto a la unidad que sería la sensación de dulzor de una disolución de sacarosa al 3% a 20 °C.

5.2. Sabor amargo

El sabor amargo se relacionaba antiguamente con algunos venenos, y, de hecho, la historia de algunos de los alimentos que en principio se rechazaban era por tener este sabor. También a edades tempranas se rechaza este sabor, con la edad se cambian las preferencias y ya comienza a ser aceptado.

El sabor amargo lo tienen diversas moléculas, sin tener una relación con su estructura química. La explicación es similar a la del sabor dulce, influye la estereoquímica y también la teoría de los átomos electronegativos A y B formando el sistema AH/B que encajaría con el receptor del sabor amargo, siempre que la distancia entre A y B sea mucho menor que en la teoría del sabor dulce, que estaría comprendida entre 1-1.5 angström (Å), siempre menor de 2.5 Å.

El sabor amargo lo proporcionan compuestos como los alcaloides, situados en algunas semillas de frutas y verduras, siendo un amargor persistente; la quinina presente en la bebida de la tónica; la cafeína del café y té o la teobromina del cacao; y también las sustancias que proceden del lúpulo (humulona y lupulona), que se añaden a la cerveza y son responsables de su amargor. Además, se detecta amargor en los cítricos como la naranja y el pomelo después de un tiempo de extraer su zumo, debido a la formación de limonina un triterpenoide.

La diferente capacidad individual de percepción puede hacer que para un consumidor algo le resulte de sabor amargo y para otro sea dulce; también puede haber alimentos o sustancias que sean dulces y a la vez ligeramente amargas, como la sacarina.

Por otro lado, el sabor amargo se encuentra asociado principalmente a receptores de la familia TAS2R, de la que hay 25 miembros en las personas, todos ellos activos como receptores monoméricos El sabor amargo es de gran importancia en la industria alimentaria, y en el sector vitivinícola en particular, y tiene importantes repercusiones en la salud humana (Fernandez Bujanda, 2020).

5.3. Sabor ácido

El sabor ácido en principio se atribuía a las sustancias que liberaban protones (H$^+$), y por tanto dependía solo su intensidad de la concentración de estas. Sin embargo, la sensación ácida percibida no siempre es proporcional a la cantidad de sustancias ácidas, aunque sí al pH determinado químicamente: cuanto menor sea el pH más ácido se percibe el sabor. Esto es debido a que influye, además de la estructura química del ácido, la velocidad con que se separa el ácido de la matriz del alimento y de la concentración de saliva, que es variable para cada persona y situación, como se ha indicado anteriormente.

En general, los ácidos orgánicos como el ácido acético, del vinagre, proporcionan una percepción ácida mayor que los ácidos inorgánicos, como puede ser el ácido fosfórico de una bebida refrescante de cola. Por tanto, la acidez dependerá del tipo de ácido, de la cantidad de protones que libera, es decir, de su constante de disociación y de la estructura química, que incluyen su peso molecular, tamaño y polaridad.

Los ácidos orgánicos suelen ser responsables de la acidez de los alimentos. Los más comunes son el ácido cítrico de las frutas, el ácido tartárico de la uva y del vino, el ácido málico de las hortalizas y el ácido láctico de productos lácteos como el yogur. Sin embargo, hay excepciones de ácidos orgánicos, como el succínico, que no tiene un sabor ácido sino amargo.

Depende de los protones que el sabor ácido se perciba en la cavidad bucal, y no tienen receptores proteínicos acoplados a la célula receptora, como en el sabor dulce y amargo, sino que solo dependerá de la entrada de cargas positivas (H^+) a las células receptoras a través de canales iónicos, debido a la diferencia de cargas en el exterior y en el interior de la membrana celular, y de esta forma se liberan los neurotransmisores.

5.4. Sabor salado

Este sabor viene provocado por la presencia de sales inorgánicas de bajo peso molecular y la percepción es debido al carácter iónico que tienen estas sales, es decir, que están formadas por iones y se disocian con facilidad en los cationes con carga positiva y los aniones con carga negativa. El sabor salado lo proporcionan los cationes positivos, principalmente el catión sodio (Na^+), acompañado de aniones como el cloruro (Cl^-), aunque a veces se utilizan otros aniones como el ioduro (I) o bromuro (Br^-) acompañando al sodio. Estos diferentes aniones pueden participar en el sabor con notas adicionales, incluso enmascarar el sabor salado como el anión ioduro.

En principio, la sal común, que es el cloruro sódico (NaCl), proporciona el sabor típico salado. No obstante, debido a la tendencia actual de disminuir la ingesta de sodio por ser perjudicial para la salud cardiovascular, se añade menor cantidad de sal a muchos productos alimentarios como el pan, por ejemplo, pero también se está intentando buscar otras sales que sean más saludables, pero dando ese sabor. Por eso hay otros compuestos salados, generalmente los que sustituyen este catión sodio, por otros como el potasio (K^+) o el amonio (NH^+_4), que, aunque proporcionan sabor salado, la sensación es muy diferente.

El mecanismo de percepción del sabor salado es muy similar al del sabor ácido: las cargas positivas de sodio, o del catión que tenga la sal, entran por canales iónicos por diferencia de cargas en el interior y exterior de la membrana de la célula receptora, y así se crea la señal a través de los neurotransmisores.

5.5. Sabor umami

El sabor o gusto umami fue el último en incorporarse a los sabores básicos; se descubrió en la Universidad de Tokio en Japón, en el año 1908, y es el más difícil de definir. El profesor de química Kikunae Ikeda aisló el glutamato monosódico en 1908 a partir del caldo de laminaria y publicó un artículo al año siguiente en el Journal of the Tokyo Chemical Society, indicando que esta molécula hacía más sabrosa la comida, de ahí viene el nombre en japonés.

El sabor umami proviene del japonés *umai*, que significa delicioso o sabroso, y *mi*, que es sabor. Se puede encontrar el sabor umami en algunas algas y derivados, como en la sopa de kombu, que contienen glutamato sódico, pero también se reconoce este sabor en los espárragos, algunas setas, en el queso parmesano y en otros alimentos.

Las sustancias que lo provocan suelen ser péptidos, que son varios aminoácidos unidos, con residuos de glutamil en la posición del nitrógeno terminal, más en concreto los dipéptidos en los que el residuo glutamil se une a un aminoácido, como es el glutamato sódico.

Para que tengan este sabor deben ser compuestos con 2 cargas negativas separadas entre sí por varios átomos de carbono (entre tres a nueve, preferentemente de cuatro a seis). Esto lo cumple el glutamato sódico y las sales disódicas del inosín monofosfato (IMP), el adenosin monofosfato (AMP) y guanosin monofosfato (GMP).

Se ha encontrado el sabor umami en productos derivados de la carne, en el jugo de vacuno, donde por hidrólisis de proteínas y ácidos nucleicos se forman octapéptidos con aminoácidos como lisina, glicina, ácido aspártico, ácido glutámico, serina, leucina y alanina. Sin embargo, si se elimina la lisina y glicina, se pierde el gusto de umami (Bello Rodríguez, 2000).

El mecanismo de la percepción del sabor umami, al igual que ocurría con el sabor dulce y amargo, tiene una proteína acoplada a la célula receptora, que se descubrió en el año 2002, y así es como las células receptoras de la lengua permiten reconocer este sabor.

Se ha descrito que el sabor umami es percibido únicamente por los receptores TAS1R, una pequeña familia de proteínas GPCR, y es el dímero TAS1R1+TAS1R3 el que solo actúa como principal receptor de umami (Fernandez Bujanda, 2020).

6. Sensaciones trigeminales

Existen otras sensaciones distintas a las gustativas pero que se perciben en la cavidad bucal. Sin embargo, no se transmiten por los mismos nervios de los sabores que parten de la cavidad bucal, por tanto, no se consideran sabores. Son las denominadas propiedades somatosensoriales (figura 45). El nervio encargado de su percepción es el nervio trigémino, que está cerca de la cavidad bucal y del oído. Este nervio responde a sensaciones térmicas y táctiles, irritantes, pungentes y picantes. Por tanto, cuando hay una sustancia que produce sensación picante, irritante o lagrimeo, procedente de sustancias que contienen las especias o algunas hortalizas, será el trigémino quien transmita estas sensaciones. Por eso también se denominan sensaciones trigeminales. Además, el nervio trigémino responderá a las sensaciones térmicas –ardiente, fresca, frío, cálido– que se aprecian al degustar algunos alimentos, por ejemplo, como la canela, que proporciona una sensación ardiente, el eucalipto fresco o una galleta cálida.

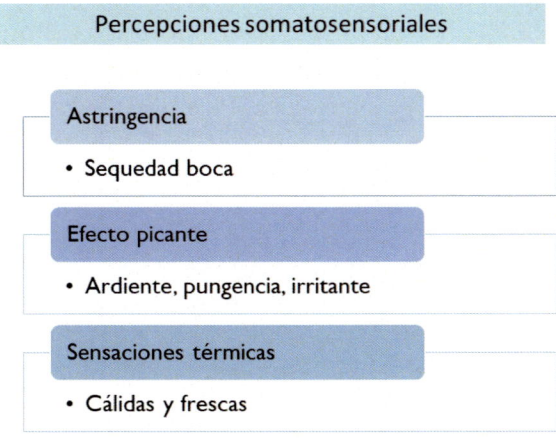

Figura 45. Sensaciones trigeminales.

6.1. Astringencia

Una de estas sensaciones trigeminales es la astringencia, y se percibe como una sensación de sequedad en la cavidad bucal, acompañada con un encogimien-

to de los tejidos de la lengua y de la boca en general. Este fenómeno está relacionado con el sabor, puesto que se percibe a la vez y a veces se confunde con
un sabor amargo. La astringencia se produce por moléculas con grupos ácidos
(-COOH) y con grupos hidroxilos (-OH), presentes en muchos compuestos fenóli-
cos como los taninos, que forman unos agregados hidrófilos con las proteínas de
la saliva, como la mucina, y mucopolisacáridos, de forma que precipitan, provocando así esa sensación de boca seca y la pérdida de la función lubricante de la
saliva. Algunos alimentos en los que se puede apreciar la astringencia son el vino
tinto, el té, el fruto del kiwi y a veces en el caqui y en el membrillo.

6.2. Efecto picante

Algunas sustancias de ciertos alimentos provocan una sensación de quema-
zón, cortante o efecto de aguijonear, que son otras sensaciones somatosensoriales o propiedades trigeminales. A veces causan una sensación tan ardiente que
es cercana al dolor. En algunos casos que no es tan fuerte se llama pungencia. En
este tipo de propiedades se incluiría también la sensación, en este caso no desagradable, de las burbujas de una bebida con gas carbónico que impactan sobre la
mucosa de la lengua produciendo un cosquilleo. Este efecto de picante, ardiente,
pungencia o aguijoneo, igual que la astringencia, es percibida en la cavidad bucal,
lengua e incluso garganta.

La sensación picante es responsabilidad de ciertas sustancias que tienen algunas especias, como la piperina presente en la pimienta, gingerol en el jengibre
o los isotiocianatos presentes en algunas hortalizas crucíferas como la mostaza;
o la capsaicina o similares que se encuentran en un tipo de pimientos picantes,
como los pimientos de Padrón o en los chiles y guindillas.

Sin embargo, la pungencia es la sensación que produce la cebolla o el ajo
cuando se consumen, que provocan cierta irritación, y las sustancias responsables son de naturaleza azufrada. También en el consumo de algunos aceites de
oliva virgen extra (AOVE), según la variedad de la aceituna, puede percibirse en
lengua y garganta al tragar cierta sensación picante, debido principalmente a una
sustancia: el *oleocantal*, compuesto fenólico, que por otra parte tienen propiedades muy beneficiosas para la salud por ser antiinflamatorio y antioxidante (Vivas
Fernández, 2017).

6.3. Sensaciones térmicas

Otro tipo de sensaciones trigeminales son las percepciones somatosensoriales térmicas, que no tienen nada que ver con la temperatura en que se toman los

alimentos o bebidas, sino con la sensación térmica que producen en la boca al consumir ciertos alimentos. Se pueden tener sensaciones cálidas o sensaciones frescas. Se pueden apreciar dentro de las sensaciones cálidas diferentes niveles de neutro, como una galleta, cálido, como el vino, y ardiente, como la canela; y por el contrario en las sensaciones frescas puede apreciarse una sensación neutra, como el agua, fresca como el eucalipto y fría como el mentol.

6.4. Otras sensaciones asociadas al gusto

Otras sensaciones asociadas al gusto son las sensaciones refrescantes, que son las que se perciben al degustar el chocolate, por la manteca de cacao, que necesita el calor de la boca para fundirse, o el xilitol, que provoca también ese efecto refrescante.

Por otra parte, la presencia de etanol, el alcohol de las bebidas alcohólicas, puede hacer variar el sabor en función de la graduación alcohólica, o bien ensalzar el sabor dulce si la cantidad de alcohol es baja, de unos cuatro o cinco grados (4-5 °C), como una cerveza; o bien provocar sensación térmica cálida si ya contienen mayor cantidad de alcohol, entre diez y doce grados (10-12 °C) como el vino; o ardiente como las bebidas destiladas, como el ron, con un alto grado alcohólico (40 °C). Incluso se percibe una sensación agresiva cuando es superior a 40 °C de alcohol, aunque se enmascara por otros componentes de la bebida como la glicerina o los azúcares.

Por último, encontramos el gusto metálico, que no se considera sabor básico, pero puede apreciarse en algunos productos y está asociado a la presencia de sales de hierro, de cobre o de estaño.

7. Factores que afectan a la percepción del sabor

Existen diversos factores que van a influir en la intensidad de la respuesta al estímulo de los diferentes sabores, y no será igual para cada sabor básico.

1) La percepción sensorial se verá afectada por cada persona, que puede variar genéticamente y por la edad y sexo y que tendrá diferente sensibilidad a cada sabor básico y un umbral de identificación diferente. Habrá personas muy sensibles al sabor ácido, o al amargor, y otras no, por ejemplo.

2) La textura también puede modificar la velocidad con que se perciba un determinado sabor: influye en el tiempo que tarda en llegar a los receptores, según esté en estado líquido, gel, emulsión, sólido, etc.

3) La presencia de otros sabores es un factor que puede alterar la sensación sensorial. Así, cuando se consume un alimento, este suele tener varios sabores simultáneos, aunque a veces predomina uno de ellos, pudiendo denominar un alimento salado, como una patata frita, o ácido al cava o dulce un pastel. Lo que se ha comprobado es que la presencia simultánea de dos sabores que proporcionen dos alimentos que se consuman juntos pueden potenciar o disminuir la percepción. Así, si se toma una bebida ácida como el cava con un dulce como un pastel, se potencia el sabor dulce; por el contrario, si se consume un alimento salado y otro dulce con una bebida amarga, por ejemplo, una tónica, disminuye la sensación de amargor. Otro ejemplo podría ser una crema con calabacín o unas berenjenas fritas, con semillas maduras, que contienen alcaloides amargos, ya que si le añadimos sal y/o azúcar se disminuye el sabor amargo.

4) Otro factor que influye mucho en algunos sabores será la temperatura a la cual se consuma el alimento o la bebida. La percepción del sabor se verá muy afectada por la temperatura. El umbral de sensibilidad es diferente en función de la temperatura a la que se consuma el producto, pero esta variación es mayor o menor según el sabor. A continuación, se comentará la variación de cada uno de los sabores en el intervalo de temperatura expresada en grados, entre 15 °C y 45 °C.

   – El sabor ácido apenas se ve afectado por la temperatura en ese intervalo.

   – El sabor salado aumenta su sensibilidad según sea mayor la temperatura entre 18 y 42 °C; por tanto, nunca deberá rectificarse de sal una comida cuando esté fría porque al calentar puede tener un exceso de sabor salado.

   – Por el contrario, el dulzor es mayor a temperaturas bajas y disminuye con la temperatura hasta los 35 °C, en que comienza a aumentar la sensibilidad hasta los 45 °C. Por tanto, una bebida refrescante fría se percibe más dulce que si no lo está, o un chocolate muy caliente a temperaturas mayores de 35 °C.

   – El caso del sabor amargo es similar al ácido, no se ve influido por la temperatura en el intervalo entre 15 °C y 37-38 °C, pero a partir de ahí aumenta drásticamente su sensibilidad, apreciando entonces un intenso sabor amargo en alimentos o bebidas calientes.

8. Percepción y fatiga de los sabores básicos

En el caso del sentido del olfato los estímulos se perciben de la misma forma, más intensos cuando mayor es la concentración, pero no depende del tipo de olor o sustancia odorífera. Sin embargo, el caso del sentido del gusto es distinto, se percibe y desaparece en tiempos diferentes dependiendo del sabor básico.

El sabor dulce se percibe de forma instantánea en uno o dos segundos, pero en otros diez segundos desaparece, la intensidad dependerá de la concentración de la sustancia sápida.

El sabor salado también se detecta muy rápido, pero tarda en desaparecer, y si la sustancia salada está en altas concentraciones es desagradable.

El sabor ácido se detecta rápido, aunque influye mucho el alimento, el tipo de ácido y la saliva que tenga la persona catadora. La duración es variable y se recuperará rápido si el efecto tampón de la saliva es eficaz. La adaptación al ácido depende del catador o catadora, hay personas muy sensibles a este sabor básico. Esto es debido a que el ácido interacciona con la proteína de la saliva, la mucina, que estará en cantidades variables en la mucosa de la lengua.

Por último, el sabor amargo se detecta de forma más lenta y también es más persistente, hasta un minuto o más tiempo después de que haya desaparecido el alimento en boca. Por eso es un sabor que causa fatiga a los catadores.

Otras sensaciones que no son sabores, como el efecto picante o la astringencia, también pueden ser persistentes y depende de cada persona tener una respuesta más intensa o menos. Además, en el caso de la sensación picante es incluso dolorosa para algunas personas, depende de la costumbre a consumir alimentos muy picantes, de la cultura y de la gastronomía de cada zona geográfica.

Por eso hay propiedades que se deben analizar después de desparecer el producto en boca. Así se define la *persistencia* como la sensación que perdura en el tiempo de un sabor determinado, después de consumir un alimento. Y, sin embargo, el *gusto residual* o *retrogusto*, también a veces le llaman regusto y posgusto, puede ser una sensación diferente a la apreciada cuando el alimento está en boca, mientras que la persistencia suele ser la misma sensación que cuando estábamos degustando el producto.

9. Evolución de las percepciones

Durante la degustación de un producto se producen diferentes sensaciones. Inicialmente comienzan en la boca cuando se llena del producto, generalmente será una sensación agradable en la cual se estimulan los receptores por el estímulo de las sustancias sápidas. A continuación, las respuestas se irán produciendo en función de lo comentando anteriormente, es decir, en función del tipo de sustancia y sabor básico. En tiempos cortos se detectarán los sabores dulces y salados, y posteriormente el ácido y la sensación de picante, y si el estado del producto es líquido, con mayor rapidez que si es un sólido; después se apreciaran el amargor y la propiedad de la astringencia.

La persistencia es más habitual con el amargor, astringencia y luego un poco menor el sabor ácido.

El retrogusto, que puede ser otra sensación diferente a la que se percibe cuando el producto está en boca, es lo último en apreciarse.

Lógicamente habrá sensaciones que transcurran de forma solapada: no se percibe de forma ordenada y consecutiva, sino que a la vez que se nota el sabor dulce y este vaya desapareciendo, ya la respuesta del ácido se puede apreciar.

Por último, en la evaluación sensorial se suele preguntar por la impresión global del producto después de su cata. Si es un alimento o una bebida equilibrada, agradable, de calidad sensorial aceptable, etc.

10. Lengua electrónica

La lengua electrónica es más reciente que la nariz electrónica, permite analizar moléculas no volátiles que son responsables del sabor y detecta sabores y sustancias que puedan alterar la calidad sensorial del producto, como impurezas o sustancias potencialmente tóxicas que están en concentraciones muy bajas y no son detectadas en un análisis sensorial. Es un instrumento analítico que reproduce de forma artificial la sensación del sabor. Consta de varios componentes: muestreador, sensores químicos específicos para cada sabor y receptor de la señal con un programa informático que mediante algoritmos da unos buenos resultados. Los sensores químicos funcionarán de forma semejante a los receptores humanos de las células del gusto, es decir, detectan sabor ácido cuando hay presencia de protones y sabor salado cuando hay cationes de sodio. El sabor dulce se detecta mediante sensores con proteínas, como la gustodulcina, que reconocen moléculas como glucosa y sacarosa.

Resumen

En este capítulo se ha reflejado una de las propiedades más importantes del análisis sensorial, el sabor de un alimento. Asimismo se ha visto que está asociado a los sentidos del gusto y del olfato, influido por el sentido del tacto y del oído y que existen otras sensaciones somatosensoriales que van a estar asociadas en su percepción. Estas sensaciones se denominan propiedades trigeminales, y se refieren a la astringencia, al efecto picante y a las sensaciones térmicas.

Existen cinco sabores básicos: dulce, saldo, ácido, amargo y umami, cada uno con umbrales de identificación diferentes. Los receptores de los sabores están situados en las papilas gustativas de la lengua y para que una sustancia se identifique, su sabor tendrá que estar presente en una concentración superior al umbral de identificación, que es diferente para cada sabor.

Se ha visto que también para cada sabor hay un tiempo diferente en apreciarse y en desparecer la sensación.

Los sabores dulces, amargo y umami tienen asociada a la célula receptora una proteína, mientras que del sabor ácido y salado dependerán su percepción y transmisión de sus cargas eléctricas de protones y de cationes, fundamentalmente de sodio.

En el siguiente capítulo se tratarán las propiedades sensoriales asociadas principalmente al tacto, denominadas texturales, aunque participan otros sentidos, como el oído y la vista.

Capítulo 6. El sentido del tacto y del oído

En este capítulo abordan las propiedades percibidas a través del tacto, que son los atributos de textura. Estos son los más complejos y extensos en vocabulario, porque además de detectarse en varias etapas, existen tres categorías de propiedades: las mecánicas, las geométricas y las debidas a la composición en agua y grasa. Además, las propiedades de la textura se van a percibir tanto con el tacto, manual y bucal, como con el oído en la fase de masticación y deglución del alimento. Asimismo, el sentido de la vista ayudará a intuir algunas propiedades que se pueden apreciar al ver el producto. Por eso en este capítulo se explica el sentido del oído y sus propiedades, algunas muy relacionadas con los atributos de textura. Otro aspecto que se trata es la evaluación, no solo sensorial de la textura, sino determinada por métodos instrumentales, ya que a veces son necesarios y muy útiles para la industria alimentaria. Se seguirá el siguiente índice:

1. **El sentido del tacto**
2. **El sentido del oído**
3. **La textura de los alimentos**
4. **Atributos de textura**
5. **Evaluación sensorial de la textura**
6. **Evaluación instrumental de la textura**

1. El sentido del tacto

El sentido del tacto es fundamental en el análisis sensorial. Se percibe, fundamentalmente, en la cavidad bucal al degustar el alimento; esto se denomina la *fase bucal*. Sin embargo, antes de consumir el producto ya se pueden apreciar algunos atributos de textura con la vista e intuir la dureza que tendrá cuando lo tocamos con la mano y dedos, esto se denomina *fase táctil manual*.

El sentido del tacto se localiza en las terminaciones nerviosas, especializadas en apreciar la presión, punción e incluso dolor; están situadas en el tejido subcutáneo debajo de la piel, de la epidermis y dermis, de todo el cuerpo, excepto en uñas, pelo y córnea del ojo.

Desde el punto de vista del análisis sensorial, las propiedades que detecta este sentido son denominadas táctiles o cinestésicas, y se llaman así porque se aprecian cuando hay movimiento. La percepción de la textura de un alimento sólido se detectará siempre que haya movimiento en la mano o en la boca: los atributos texturales necesitan ese movimiento, no solo tocar, para apreciarlos.

La pérdida del sentido del tacto no suele ser habitual, puede ser localizado en algunas partes como extremidades debido a algún accidente o enfermedad, pero no suele influir en la evaluación sensorial de alimentos.

El tacto en la *fase manual* apreciará la temperatura y el peso y las características de la superficie, así como la deformación al tocarlo o presionarlo; pero realmente no se puede evaluar la textura hasta que no se efectúe la degustación del alimento en la *fase bucal*, es decir, hasta que no se mastica, se deforma, se aprecia el ruido en el oído y las sensaciones percibidas al tragarlo.

El sentido del tacto es muy importante en la evaluación sensorial de los alimentos: se aprecian las percepciones táctiles por medio de dedos y mano, la lengua, las encías, la parte interior de las mejillas, la garganta y el paladar. Pero la textura no puede ser percibida si el alimento no se ha degustado.

2. El sentido del oído

El sentido del oído capta los sonidos que resultan de las vibraciones en el aire producidas por las cuerdas vocales, labios y lengua de alguna persona, pero también percibe los sonidos de un objeto al caer o al romperse, es capaz de disfrutar de la música, de escuchar el ruido de algunos aparatos, etc. El oído capta las vibraciones por la oreja, parte externa del oído, y las transmite hacia el interior hasta el oído medio e interno, y estas son detectadas por el cerebro.

En el análisis sensorial el oído participa, principalmente, en la apreciación de la textura de los sólidos al masticarlos, como ya se ha indicado, pero además influye en las sensaciones sensoriales cuando bebemos bebidas carbonatadas, con gas, puesto que el oído detecta el sonido de las burbujas desde que se sirve la bebida hasta que se consume. En algunos alimentos y bebidas la percepción sensorial detectada por el oído es fundamental para que ese producto sea aceptado o rechazado, como puede ser el chocolate al partirlo, al masticar las patatas fritas y que sean crujientes, las burbujas del cava al beberlo, etc.

3. La textura de los alimentos

La definición de la textura, según la Real Academia de la Lengua Española (RAE), es la disposición que tienen entre sí las partículas de un cuerpo.

Sin embargo, la textura de los alimentos es la propiedad sensorial detectada por los sentidos tacto, vista y oído y que se percibe cuando el alimento sólido sufre una deformación. La textura se debe principalmente a la estructura y a otras propiedades mecánicas del alimento.

En resumen, la textura se define como 'El conjunto de atributos mecánicos, geométricos y de composición de un producto que se perciben por los receptores mecánicos, del tacto y, en ocasiones, visuales y auditivos'. Definición proporcionada por la norma ISO 5492:2008 (Sensory analysis—Vocabulary).

Luego el sentido del tacto forma parte del sistema "háptico", que apreciará los atributos de textura mediante receptores táctiles y cinestésicos de la piel con ayuda de otros sentidos como vista y oído. El término "háptico" procede del griego *hapto*, que significa tocar: un sistema háptico significa que existe el tacto activo con ayuda del oído y de la vista.

Otra definición de textura es "la interacción fisicoquímica de un producto en la boca relacionado con la reología de los alimentos".

La textura de un alimento sólido, por tanto, se apreciará cuando el alimento ha sido deformado y tragado, pero hay varias fases que van a ir indicando lo que se va percibiendo:

1) Fase ocular. La vista nos indicará cómo es el alimento y cómo puede ser su dureza, su superficie, su composición en agua o en grasa en la fase manual.

2) Fase manual. Al tocar el alimento podrá apreciarse la dureza, si la superficie es lisa, rugosa, húmeda o seca, etc. Si se aprieta, por ejemplo, un fruto nos indicará si es blando y maduro, si se deforma o no.

3) Fase bucal, los receptores de la cavidad bucal apreciarán el comportamiento al deformarse el alimento y el oído participa en la detección de la textura durante la masticación.

Así las propiedades de textura se perciben, por ejemplo, cuando se corta o muerde una manzana, momento en el que se aprecian atributos como la dureza, resistencia, cohesividad, etc. Si se mastica se empezarán a detectar otros atributos de textura: alguno relacionado con el oído, como crujiente; jugosidad, según la cantidad de agua que contiene esa manzana; fibrosidad en función de la fibra que contenga esa variedad de fruta; y ya al deglutir y tragar por la faringe, se aprecian otros atributos de textura como la aspereza o la tersura.

El término *textura* se utilizará generalmente cuando el alimento es sólido, *consistencia* cuando es semisólido o líquido y *viscosidad* cuando es líquido. No obstante, en muchas ocasiones es habitual utilizar el término "cuerpo" para definir los atributos de textura de bebidas, como el vino, la cerveza o el café. Este término significa consistencia, compactación de la textura, plenitud, riqueza, flavor o sustancia de un producto (Normas UNE, 2010). Como se puede observar en la definición, es un término ambiguo porque no se refiere solo a las propiedades de textura, sino que también se valoran atributos de color e incluso de sabor.

En la figura 46 se pueden observar algunos atributos de textura utilizados cuando se van percibiendo, tanto en productos sólidos como semisólidos y en líquidos. Algunos atributos texturales son de superficie y otros del alimento global, mecánicos, geométricos y de su composición. La jugosidad es un atributo de superficie que se detecta principalmente en la lengua, como parte de la humedad. Otros atributos texturales de superficie son la adhesividad y la pegajosidad, que pueden percibirse incluso en los labios.

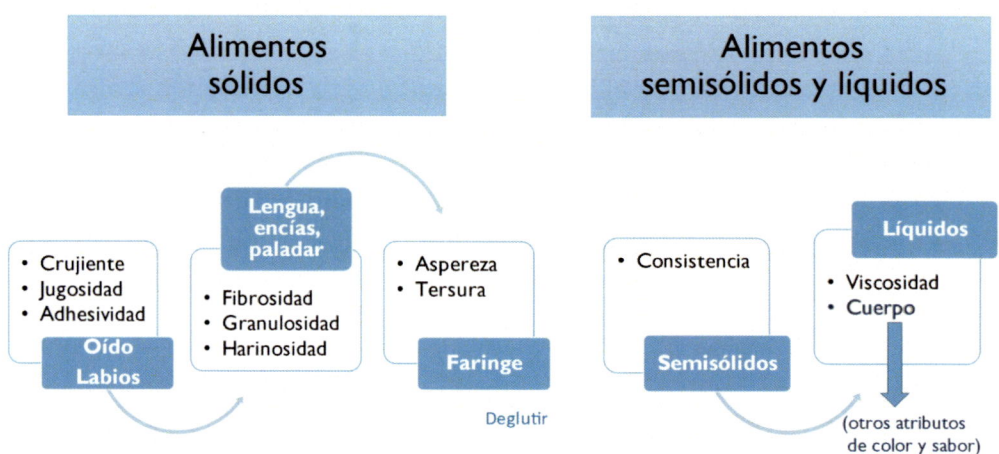

Figura 46. Atributos de textura de alimentos sólidos, semisólidos y líquidos.

4. Atributos de textura

En el caso de la textura, no se puede comentar como si fuera una única característica de un producto, sino un conjunto de atributos de textura de un alimento o bebida. La textura es importante para los consumidores y, por tanto, en la elaboración de nuevos productos o cambios en un producto. Actualmente, hay texturas diferentes y novedosas en muchos alimentos para hacerlos más apetecibles o novedosos; esto se puede comprobar en la nueva gastronomía de cocineros muy conocidos tanto de España como internacionales. Por tanto, si se van a modificar estas características de un alimento, es importante conocer sus atributos y el amplio vocabulario específico que se utiliza, y en algunos casos además no coincide el nombre de una característica con lo que se entiende en todos los países.

Conocer cuál es la textura mejor o más deseada de un alimento es muy complicado, ya que puede variar según la elaboración para cada alimento y va a tener unas características particulares, y ahí depende de cada consumidor que le atraiga más un tipo de textura u otra, tipo gel, emulsión, que se disuelva en la boca, que sea más o menos duro, etc. Se puede decir que hay más de 300 términos relacionados con la descripción de la textura, lo que indica la complejidad de describir estos los atributos.

De hecho, las propiedades de textura se agrupan en tres tipos de atributos: mecánicos, geométricos y de composición, para ayudar a comprender cuando se deben utilizar esos atributos (Rosenthal, 2001).

En la figura 47 se pueden observar ejemplos de atributos de cada tipo.

1) Mecánicos. Definen el comportamiento del alimento cuando se aplica una fuerza en función de sus propiedades mecánicas. Por tanto, son atributos que se asocian a la deformación que sufre el alimento. Estos atributos mecánicos se dividen en dos tipos: los atributos *primarios*, que son aquellos que depende de una sola propiedad, y los atributos *secundarios*, que son los que resultan de la combinación de dos o más propiedades mecánicas.

2) Geométricos. Estos atributos se relacionan con el tamaño, la forma y la orientación de las partículas dentro de un alimento.

3) Composición. Son los atributos que dependen de las sensaciones producidas al consumir el alimento, por la humedad y la grasa, y que dependerán de la cantidad de estos componentes presentes en el alimento.

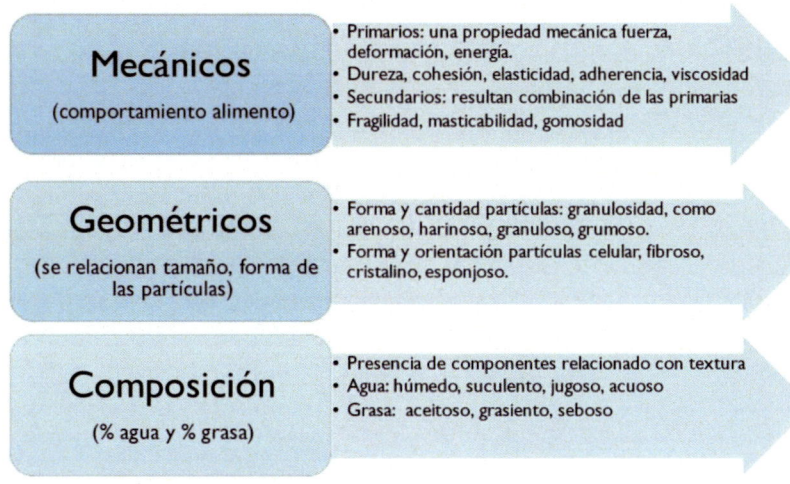

Figura 47. Clasificación de atributos de textura.

Para poder realizar un análisis sensorial adecuado es necesario conocer y saber las definiciones de estas características de textura. A continuación, se definen los atributos con los adjetivos y niveles de magnitud.

1) Los atributos **mecánicos primarios** (tabla 3), que nos informan del comportamiento del producto, incluyen términos como *dureza, cohesividad, viscosidad, elasticidad, o adhesividad*. Todas estas propiedades se aprecian al deformar el producto. El vocabulario de los atributos de textura, en ocasiones, es confuso entre distintos países: por ejemplo, el término viscosidad en México se entiende como mucosidad, y para describir lo que en España se entiende como viscosidad se utiliza el término espesor.

   La dureza se suele medir con escalas estándar, basándose en la comparación con alimentos con una dureza asignada con un valor numérico. Estas escalas son propias de cada país, ya que se usan alimentos que se consumen habitualmente. Así la escala de Nueva York, de Colombia o de España son ligeramente diferentes.

2) Los atributos **mecánicos secundarios** (tabla 4) incluyen la *fragilidad, la masticabilidad* y *la gomosidad*. Todas ellas relacionadas con la cohesión del producto.

   Para evaluar la magnitud de *fragilidad, masticabilidad* y *gomosidad* en un alimento se utilizan distintos niveles, a veces simplemente con una escala de números o definiendo el grado de nivel; por ejemplo, nivel muy bajo, nivel bajo, nivel moderado y nivel alto. Pero muchas veces para denominar cada uno de los niveles se utilizan adjetivos, como se refleja en la tabla 4.

   Así, si queremos indicar que un producto tiene un nivel bajo de masticabilidad usaremos el adjetivo *tierno*, es decir, un producto tierno en cuanto a su masticabilidad indica que necesitamos un bajo número de masticaciones para poder tragarlo.

Tabla 3. Definición, adjetivos y niveles de intensidad de los atributos mecánicos primarios.

Atributos	Definición	Adjetivos y niveles
Dureza	Fuerza requerida para deformar el alimento o para hacer penetrar un objeto (cuchara o cuchillo) en él. En la boca se percibe al comprimir los productos sólidos entre los dientes o los semisólidos entre la lengua y el paladar	**Blando:** *Nivel bajo* (queso untable) **Firme:** *Nivel moderado* (aceituna) **Duro:** *Nivel alto* (caramelo duro)
Cohesividad	Grado de deformación de un producto antes de romperse. Relacionado con la fragilidad, masticabilidad y gomosidad	
Viscosidad	Resistencia al flujo. Responde a la fuerza requerida para pasar un líquido de la cuchara a la boca para tragarlo o extenderlo sobre un soporte	**Fluido:** *Nivel bajo* (agua) **Ligero:** *Nivel moderado* (aceite de oliva) **Espeso o** *Nivel alto* (chocolate a la taza) **Viscoso:** Nivel *muy alto* (miel)
Elasticidad	Grado hasta el cual regresa un producto a su forma original una vez que ha sido comprimido entre los dientes	**Plástico** *nivel bajo* mantequilla **Maleable** *nivel moderado* (nube) **Elástico** nivel alto (calamares)
Adhesividad	Esfuerzo requerido para separar la superficie del alimento de otra superficie (paladar, lengua, dientes y labios)	**Adherente** *nivel moderado* (manteca de avellana) **Pegajoso** (caramelo liquido) **Muy pegajoso** (caramelo toffee)

Tabla 4. Definición, adjetivos y niveles de intensidad de los atributos mecánicos secundarios.

Atributo	Definición	Adjetivos/niveles
Fragilidad	Propiedad relacionada con la cohesión y con la fuerza necesaria para romper un producto en trozos o migas. Puede evaluarse comprimiendo rápidamente el producto entre los incisivos o los dedos.	**Cohesivo** *nivel muy bajo* (caramelo blando) **Desmenuzable** *nivel bajo* (bizcocho) **Crujiente** *nivel moderado* (patatas fritas) **Crocante** *nivel alto* (manzana) **Quebradizo** *nivel alto* (cacahuete tostado) **Pulverulento** *nivel muy alto* (polvorón)
Masticabilidad	Propiedad relacionada con el número de masticaciones necesarias para dejar un producto sólido listo para su deglución	**Fundible** *nivel muy bajo* (helado) **Tierno** *nivel bajo* (guisantes) **Masticable** *nivel moderado* (gominolas) **Correoso** *nivel alto* (corteza de cerdo)
Gomosidad	Propiedad relacionada con la dureza y cohesividad de un producto tierno. En la boca, está relacionada con el esfuerzo requerido para reducir el producto a un estado listo para su deglución. Es la densidad que persiste a lo largo de la masticación y la fuerza requerida para desintegrar un sólido a un estado para poder tragarlo	**Arenoso** *nivel bajo* (galletas) **Harinoso** *nivel moderado* (patata cocida) **Pastoso** *nivel moderado* (besamel) **Gomoso** *nivel alto* (gelatina)

3) Los atributos **geométricos** (figura 48) principales son la granulosidad y la estructura. La granulosidad depende del tamaño, cantidad y forma de las partículas del producto, y tiene asociados adjetivos como *harinoso, arenoso, granuloso* y *grumoso*. En cuanto a las propiedades geométricas dependientes de la *estructura*, es decir de la percepción de la forma y orientación de las partículas, utilizan adjetivos como *celular, fibroso, cristalino o esponjoso*.

Granulosidad	Estructura
Propiedad relacionada con el **tamaño, forma y cantidad** de partículas del producto	Propiedad relacionada con la **percepción** de la **forma** y la **orientación** de las partículas
Los principales adjetivos correspondientes a los diferentes niveles de granulosidad son: • **Arenoso:** Nivel bajo de granulosidad (algunas peras) • **Harinoso:** Nivel bajo de granulosidad (azúcar glasé) • **Granuloso:** Nivel moderado de granulosidad (sémola) • **Grumoso:** Nivel alto, con partículas grandes o irregulares (algún tipo de requesón)	Los principales adjetivos que corresponden a las diferentes conformaciones son: • **Celular:** Partículas de forma esférica u ovoide (mandarina) • **Fibroso:** Partículas alargadas de orientación paralela (espárrago) • **Cristalino:** Partículas angulosas (azúcar granulado) • **Esponjoso:** Celdillas rellenas de aire (merengue)

Figura 48. Atributos geométricos relacionados con el tipo, cantidad y tamaño de las partículas.

Luego hay otros atributos no incluidos en esta categoría, como *tersura, aspereza, terroso, flexible...*

4) Atributos de la **composición** (figura 49). Estos atributos se relacionan y dependen de la presencia de componentes, como agua y grasa y según la cantidad se usará el término adecuado.

Humedad: es la propiedad de la textura relativa a la percepción de la cantidad de agua absorbida o liberada por el producto	**Carácter graso**: es la propiedad de la textura relativa a la percepción de la cantidad o tipo de grasa contenida en el producto
Seco: Ausencia de humedad (galleta salada)	*Aceitoso:* Es la percepción de aceite absorbido y libre (conservas de pescado en aceite)
Húmedo: Nivel moderado de humedad (manzana)	*Grasiento:* Percepción de la grasa exudada (panceta frita)
Jugoso: Nivel elevado (naranja)	*Seboso:* Percepción de grasas sin exudación (tocino)
Suculento: Nivel elevado (carne)	
Acuoso: Percepción como de agua (sandia)	

Figura 49. Atributos de textura en función de la composición en agua y grasa.

Los adjetivos utilizados en función de la cantidad de agua que tiene un alimento y, por tanto, sus propiedades texturales relativas a ello son diferentes y se suelen valorar mediante adjetivos como seco, húmedo, jugoso, suculento y acuoso. Si son atributos percibidos en la fase táctil se suelen usar *seco* (ausencia de humedad), como una galleta; *húmedo*, nivel medio, como una manzana; o *mojado*, nivel alto, como las ostras.

Respecto al contenido en grasa, se ha comprobado que influye en la textura de los alimentos y se usan para definir estas propiedades términos como *aceitoso, grasiento* y *seboso*.

Otras propiedades de textura de bebidas

Existen otras características asociadas a alimentos líquidos o bebidas que se mencionan a continuación.

Efervescencia: Formación de burbujas de gas al abrir o servir una bebida con gas carbónico. Los adjetivos utilizados son: *sin gas* (agua), *plano* cuando el nivel es bajo (bebida carbonatada destapada hace tiempo), *burbujeante* cuando las burbujas son apreciables a simple vista y *efervescente*, con tal cantidad de gas que incluso se aprecia su sonido.

5. Evaluación sensorial de la textura

El análisis sensorial de textura es de los atributos más complejos de evaluar, ya que hay muchos términos y muchos tipos de atributos que se perciben a la vez. Consiste en una descripción detallada en la que se debe indicar el nivel de cada atributo relacionado con las propiedades de la textura mediante adjetivos o con escalas. Se debe ir definiendo en el orden de aparición.

Por tanto, el análisis sensorial de la textura se realizará en las diferentes etapas de la degustación de un producto, puesto que tendrá diferentes propiedades según el momento. Las etapas serán:

1) **Fase visual.** Antes de la fase táctil, con la vista, se apreciarán propiedades de composición en superficie, tales como apariencia, humedad, grasa, fibra, sequedad, áspero, grietas, etc.

2) **Fase táctil.** En esta fase se va a evaluar apretando con las manos o dedos, de forma que se intuyen las propiedades mecánicas primarias, como dureza o fragilidad, adhesividad, elasticidad, etc.

En fase bucal:

3) **Morder** principalmente con los incisivos. Si es un sólido, se apreciarán las propiedades mecánicas primarias, como la dureza, y también secundarias, como la grumosidad. Antes de morder se pueden apreciar algunos atributos de superficie, como adhesividad y pegajosidad en los labios.

4) **Masticar.** En esta fase se utilizarán principalmente los molares y se consideran las propiedades masticatorias como las mecánicas secundarias tales como gomosidad y masticabilidad.

5) **Tragar**. Aquí se evaluará la aspereza o tersura que se aprecia al final.

6) **Etapa final residual**. Se debe realizar la evaluación de las sensaciones tras la deglución, después de tragar. Se puede detectar la presencia de fragmentos que permanecen o la sensación de astringencia que generan los taninos en la lengua tras deglutir frutos secos o vino. Se utilizará términos como *limpio*, que consiste en no apreciar sensación persistente en boca después de tragar una bebida, o *adherente* si quedan residuos de alimento pegados en la cavidad bucal.

En las tres últimas etapas se solapan y se podrán evaluar las propiedades mecánicas secundarias, geométricas y de composición (figura 50).

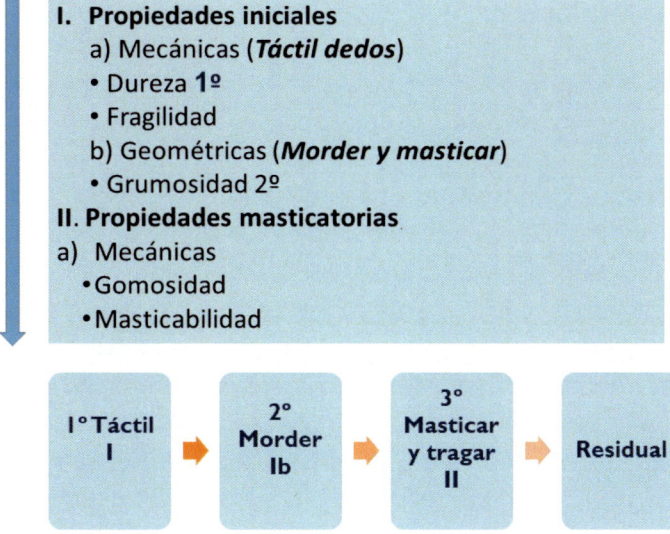

Figura 50. Etapas de la evaluación sensorial de la textura.

Por otra parte, es muy importante que quede bien claro qué es lo que deben medir y que todos los jueces entiendan lo mismo en cuanto a los términos y vocabulario. Para ello se hace necesario un buen entrenamiento de los jueces.

Además, los jueces, que evalúan atributos de textura, deben tener una dentadura completa, exenta de caries y de amalgamas o prótesis dentales, ya que todo ello podría repercutir en la percepción de la textura. La alineación de la dentadura debe ser la adecuada, quedando un hueco al juntar las muelas interiores. Si se tiene el defecto de prognatismo no se puede ser juez de cata de propiedades de textura.

En ocasiones, se hará necesario enmascarar el color del producto, incluso el sabor, para no interferir en las respuestas sobre los atributos de la textura. Para ello se pueden usar en las cabinas diferentes bombillas de color rojo o azul, para no apreciar el color del alimento. Para no apreciar el sabor se puede enjuagar la boca con agua salina al 10% de cloruro sódico, o tomar un caramelo de menta. En casos extremos se tomaría benzocaína, que anestesia la capacidad del sabor, insensibiliza la lengua y paladar; esto solo se usa en alimentos que sean de un sabor muy fuerte o picante y que sea incluso desagradable.

Perfil descriptivo de textura

Otra forma habitual de describir y evaluar las propiedades de la textura de un alimento o bebida es llevar a cabo un perfil descriptivo con los atributos que mejor definan el producto. Hay que elegir entre los atributos definidos en 17 categorías que se incluyen en una nueva norma ISO 11036:2020 (Normas ISO, 2020).

Este tipo de prueba se explicará, más detalladamente, en el capítulo 9, correspondiente a tipos de pruebas. Consisten en valorar con una escala numérica la intensidad de los atributos que se van detectando según las etapas descritas anteriormente. Es decir, empezando por la fase visual, apreciando la apariencia; a continuación en la fase táctil manual, evaluar e indicar sobre una escala los atributos que se perciben con los dedos y mano, tales como atributos relacionados con el contenido en humedad y grasa, además de uniformidad, densidad, fibrosidad, aspereza, etc.; y a continuación pasar a medir los atributos detectados en la fase bucal, inicialmente con el primer mordisco; y, después, al morder y masticar, calificando las propiedades masticatorias, para acabar con los atributos al tragar el alimento y terminar, con la fase final o residual, definiendo si hay características de persistencia cuando ya el alimento no está en boca. Los atributos se valorarán en el orden en que se evalúan, las categorías serán mecánicas, de cohesión, de conformación y masticabilidad, y los niveles puede ser indicado mediante niveles de seis puntos (muy alto, alto, moderado, bajo, muy bajo, ausente) o de cuatro (alto, moderado, bajo, ausente) en función de su intensidad, asociándolo a una numeración. También se pueden indicar los adjetivos, según el nivel de la intensidad, y adjudicar una numeración. El vocabulario, y la clasificación de atributos relacionados con la textura, se ha actualizado por un grupo de expertos, utilizándose una terminología más adecuada y conforme para todos, teniendo en cuenta la estructura física y composición del alimento, pero también cómo se percibe ese alimento durante su evaluación sensorial en sus diferentes etapas (Bondu, Salles, Weber, Guichard y Visalli, 2022).

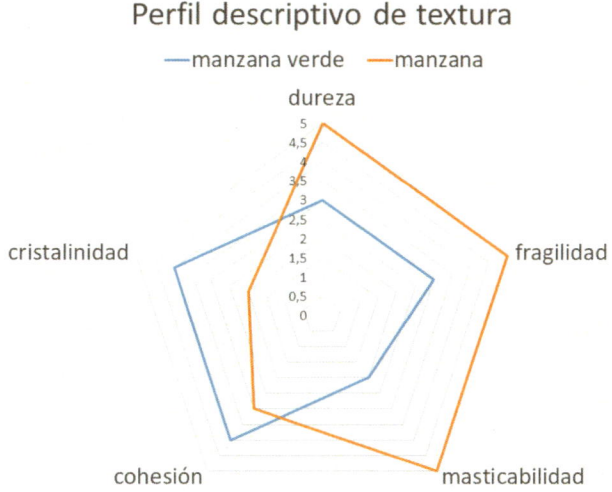

Figura 51. Perfil sensorial de manzanas verde y roja.

En la figura 51 se refleja un ejemplo de perfil sensorial de dos tipos de manzana, en la que se evaluan cinco atributos de textura. Las escalas utilizadas son estructuradas y en intervalos de unidad, de cero a cinco. No obstante, las escalas puede ser variables y se ajustan según el producto a valorar.

6. Evaluación instrumental de la textura

La textura de los alimentos se puede determinar mediante evaluación sensorial o bien complementarse mediante diferentes métodos instrumentales. La medida instrumental es una buena alternativa a la sensorial. Existen diversos métodos que se pueden clasificar como *reológicos, imitativos, empíricos, y químicos y microscópicos* (figura 52).

Alternativa al análisis sensorial

A. Medidas reológicas : métodos físicos para medir una o varias propiedades físicas relacionadas con las características sensoriales

B. Métodos imitativos : simular cuando el alimento se consume

C. Métodos Empíricos : miden propiedades no bien definidas y no se expresan en unidades fundamentales

D. Métodos químicos y microscópicos : análisis de un componente y microscopía electrónica

Figura 52. Métodos instrumentales para evaluar la textura.

A continuación, se explicarán cada uno de ellos.

A. Medidas reológicas. La parte de la física que estudia la acción de deformación de los cuerpos se denomina reología (Rosenthal, 2001). La reología ha avanzado mucho y actualmente se puede mencionar la reología oscilatoria, extensional y la tribología. La reología oscilatoria involucra oscilar o torcer el material a diferentes frecuencias y amplitudes y estudia el comportamiento del alimento para observar los cambios de la viscosidad y elasticidad en función de la temperatura. La reología extensional estudia los cambios de un alimento por extensión o elongación. Hay de tres tipos: extensión uniaxial, que se estira en una dirección y se reduce en las otras dos direcciones y se usa en estudios de propiedades mecánicas del queso; extensión biaxial, que se basa en estirar el alimento en dos direcciones y provoca cambios de espesor de la muestra en la tercera dirección; y finalmente extensión plana, donde el alimento se contrae o alarga en una dirección, lo que produce una reducción del espesor sin verse afectado el ancho. Por último, hay que mencionar la tribología, que es una ciencia que estudia la fricción, desgaste y lubricación, comprendiendo así la interacción de superficies en movimiento, en sistemas naturales y artificiales; últimamente se está adaptando a sistemas alimentarios para estudiar los cambios de propiedades de textura (Ahmed y Basu, 2022).

La reología es una disciplina que se aplica en ocasiones para realizar técnicas que ayudan a conocer el comportamiento del alimento. La evaluación instrumental de la textura puede complementar al análisis sensorial, además de ser más fiables, y muchas de las pruebas que se hacen para conocerla se basan en leyes estudiadas por esta ciencia. Las medidas reológicas son aquellas que miden una o varias propiedades físicas bien definidas del alimento y que están relacionadas directamente con características sensoriales. No obstante, el comportamiento reológico implica el conocimiento de una serie de ecuaciones que son sumamente complicadas y que se relacionan con las propiedades mecánicas de un alimento al someterse a fuerzas de compresión, corte, punción o extrusión (Andalzúa-Morales, 1994). Según la reología, los alimentos se describen en diferentes categorías según su comportamiento, de menos a más fluidos. De forma simplificada se clasifican los sólidos, según la ley de Hooke, y los líquidos en newtonianos y no newtonianos. Así, para conocer el tipo de alimento sólido, se aplica fuerza de compresión, de cizalla, torsión o tensión y los ensayos ayudarán a comprender cómo se comporta un alimento sólido o viscoelástico. Al someter al alimento a una fuerza de compresión se observan las curvas de deformación con el tiempo, y en función de su forma se determinará si un alimento es elástico o viscoelástico, viscoso o plástico (Anzaldúa-Morales.1994); en el caso de los líquidos, en función de la relación que tengan entre la viscosidad y la velocidad de deformación. Para ello el uso de viscosímetros es indispensable. Así en los newtonianos esa relación es independiente: por ejemplo, el agua, soluciones azucaradas, leche pasterizada, dispersiones diluidas, alcohol, té, etc. En los líquidos no newtonianos, la relación viscosidad y deformación no es lineal: por ejemplo, la leche concentrada, disoluciones muy concentradas de goma guar o de xantano, algunos zumos de frutas, incluyendo la saliva, etc. Las propiedades reológicas de los alimentos varían mucho según sean disoluciones diluidas, como el agua, whisky o vino, o productos sólidos duros, como galletas y caramelos. De acuerdo con sus propiedades se puede mencionar alimentos elásticos, viscosos y viscoelásticos. Muchos alimentos como la margarina, mantequilla, tomate kétchup, puré de manzana o suero de leche se comportan según la reología como sólidos.

Las medidas reológicas suelen ser lentas y su interpretación es a veces laboriosa. En algunos casos explica el comportamiento reológico y la clasificación del alimento (figura 53), pero la correlación con el resultado del análisis sensorial no es buena. Ahora bien, sirven para conocer diferencias mínimas entre muestras que no se pueden detectar ni con la medida sensorial, ni con otro tipo de método imitativo ni empírico, y son útiles para conocer cómo se comportaría un nuevo alimento.

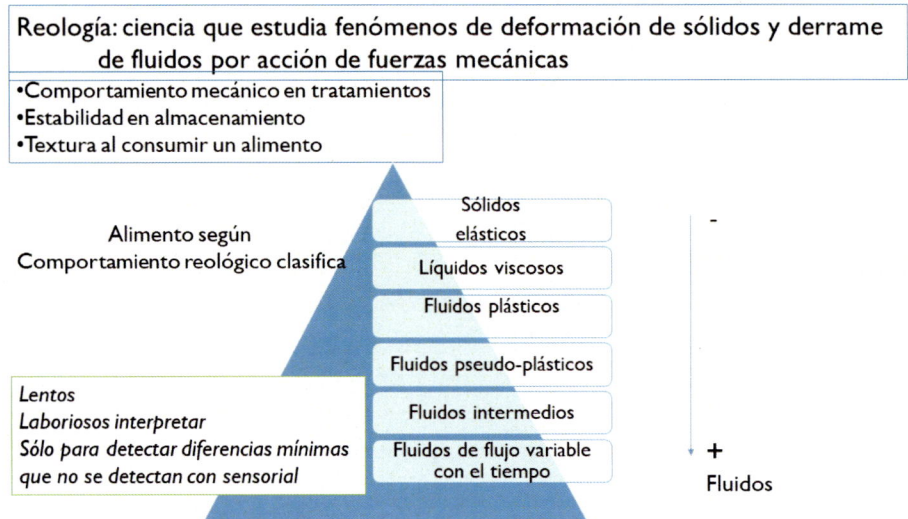

Figura 53. Medidas reológicas.

B. Métodos imitativos. El concepto de análisis sensorial de perfil de textura en versión instrumental se conoce como TPA (*Texture Prolife Analysis*). La medida instrumental de atributos de textura fue innovadora, por ser supuestamente objetivos, y se podían medir atributos como dureza, fragilidad, cohesión, elasticidad, gomosidad, masticabilidad, etc. Los aparatos son sencillos de utilizar y manejar; se usan principalmente en la industria alimentaria, pero también en laboratorios de investigación. Pueden ser imitativos o empíricos. Para los primeros se utilizan aparatos que imitan la acción de los dedos, mano, dientes o incluso la boca, al deformar el alimento y así determinar alguna propiedad relacionada con la textura. Los hay muy sencillos, como el "diente", que sirve para determinar el tiempo óptimo de cocción de la pasta. También se utiliza el denominado texturómetro, que sería un método entre empírico e imitativo, que imita la acción de los dedos y mano y de la boca, aunque no incluye la producción y composición de saliva, y la fuerza de los dientes. El texturómetro es un instrumento que se basa en deformar el alimento a través de un movimiento de giro semejante a la mandíbula humana. Se obtiene datos de la curva de esfuerzo-deformación (Rosenthal, 2001).

Los métodos que se explican a continuación son también del grupo denominados TPA y son muy utilizados para muchos alimentos, siempre sólidos. Estos métodos TPA instrumentales hay que interpretarlos de forma adecuada, porque son útiles, y explicar su relación con las propiedades que se miden. Se recomienda utilizar los que tengan mayor correlación con los datos obtenidos mediante evaluación sensorial (Peleg, 2019).

C. Métodos empíricos. Son los más utilizados: al ser muy rápidos son muy adecuados para la industria alimentaria (figura 54). Consisten en utilizar diferentes equipos para someter al alimento a una determina energía, mediante compresión, corte, punción, extrusión, flexión o tensión. Se han desarrollado por experimentación y observación y a veces pueden carecer de una base científica y rigurosa. Esto no descalifica su uso, ya que son muy útiles en la industria alimentaria. Existen de varios tipos, como el consistómetro para la calidad de un puré o el gelómetro para la gelatina. También, se usará un suculómetro para medir la jugosidad de la carne mediante compresión; un extensímetro para medir la resistencia a la ruptura de una masa panaria por extensión; un penetrómetro para medir por punción o corte la rotura de un fruto, expresado en medidas de fuerza; un alveógrafo para medir la elasticidad de una masa de pizza, aplastando mediante presión; o un extrusor que ejerce una alta presión y temperatura a una masa, cocida de agua y harina de cereales, para hacer aperitivos. Estos métodos tienen el inconveniente de que destruyen el alimento.

Los resultados de estos métodos empíricos se correlacionan bastante bien con los resultados del análisis sensorial, mejor que los métodos reológicos. El aparato más usado y conocido es el denominado Instrom, para medir la dureza y parámetros relacionados, o una medida a lo largo del tiempo, pudiéndose reflejar gráficamente la presión ejercida por superficie en centímetro cuadrado (cm^2), es decir, la fuerza durante un tiempo determinado. Existe un aparato más sencillo, un penetrómetro, que tiene diferentes punzones de diámetros variables y puede dar una idea de la dureza, fuerza en términos de presión por superficie necesaria para romper un fruto. Por otra parte, en el caso particular de los espárragos se usa el denominado fibrómetro para medir el tiempo necesario para cortar el último tercio del espárrago. El aparato se ha diseñado para este fin, y tiene un cabezal relleno de bolitas de acero que se deja caer, su hilo cortará el espárrago en un tiempo determinado que se medirá en segundos y eso representará unidades de fibrosidad. Estos dos métodos descritos, penetrómetro y fibrómetro, se utilizan en las prácticas en la sala de cata y se correlaciona con la evaluación sensorial de la dureza de manzanas y de la fibrosidad de espárragos respectivamente.

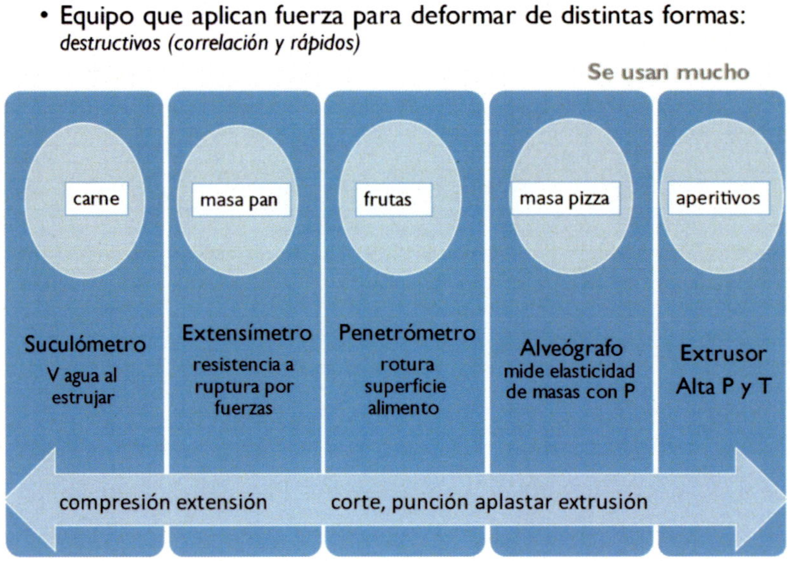

- **Equipo que aplican fuerza para deformar de distintas formas:**
  destructivos (correlación y rápidos)

Se usan mucho

| carne | masa pan | frutas | masa pizza | aperitivos |

| **Suculómetro** V agua al estrujar | **Extensímetro** resistencia a ruptura por fuerzas | **Penetrómetro** rotura superficie alimento | **Alveógrafo** mide elasticidad de masas con P | **Extrusor** Alta P y T |

compresión extensión   corte, punción aplastar extrusión

Figura 54. Métodos empíricos.

D. Métodos químicos y microscópicos. Los métodos químicos consisten en cuantificar algún componente del alimento que esté directamente relacionado con la textura. Un ejemplo sería determinar químicamente las sustancias pécticas y sus diferentes fracciones en un fruto o una hortaliza y cómo cambian con la maduración. Otra forma es utilizar la microscopía electrónica de barrido (SEM) que nos indique, por ejemplo, la textura de una harina de legumbre en función del estado de los gránulos de almidón; esto informará el comportamiento reológico según el procesamiento. Cuando las lentejas se mantienen secas, los gránulos de almidón están intactos; al poner la legumbre en remojo, los gránulos se hincharán con el agua; cuando se produce la cocción y deshidratación, los gránulos se romperán; así se intuye como va variando la textura (figura 55).

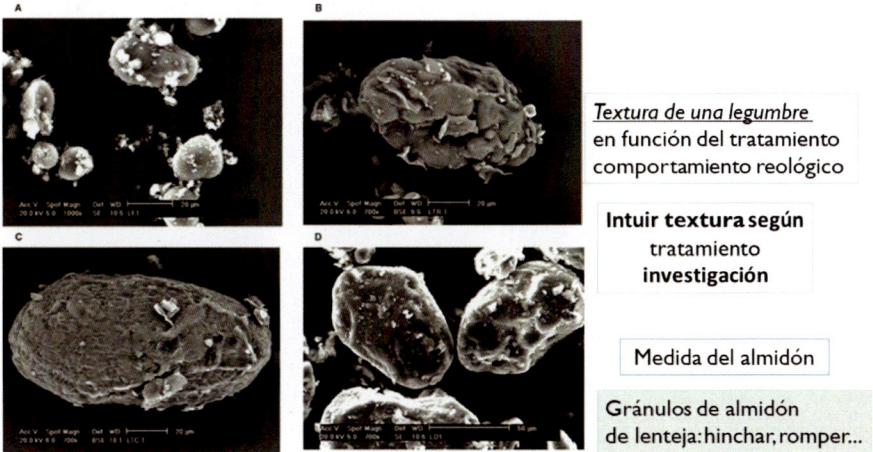

Figura 55. Métodos microscópicos de barrido (Scanning Electron Microscopy SEM) de harina de lenteja: (**A**) cruda; (**B**) remojo; (**C**) remojo + cocción; (**D**) remojo + cocción+ deshidratación.
(Fte: Aguilera, Esteban, Benítez, Mollá, Martín-Cabrejas, 2009)

La técnica que se utiliza es la Microscopía electrónica de barrido (SEM) y se siguió la siguiente metodología: las partículas de harina liofilizada se colocan sobre cinta adhesiva de doble cara montada sobre talones de aluminio. Las muestras se someten a una corriente de nitrógeno para eliminar las partículas sueltas y luego se cubren con oro en un evaporador al vacío SC 502 con recubrimiento por pulverización catódica. Se toman micrografías electrónicas de barrido usando un microscopio Philips XL30 que opera a un voltaje de aceleración de 20 kV y este acoplado a un analizador EDAX DX4i.

RESUMEN

En este capítulo se ha abordado la textura apreciada por el sentido del tacto, aunque intervienen también el sentido de la vista y del oído. Es difícil de medir e interpretar y tiene un vocabulario extenso y a veces difícil de comprender. Las propiedades asociadas a la textura se clasifican en tres categorías: mecánicas, geométricas y debidas a la composición en agua y grasa. La evaluación sensorial consta de varias etapas: fase visual; fase bucal en la que se detectarán propiedades que se notan al morder, masticar y tragar; y por la último las propiedades cuando ya el alimento no está en boca. Asimismo, la evaluación instrumental de la textura es necesaria en algunos casos y es muy útil en la industria y en investigación: se detectarán diferencias que no son apreciadas en la evaluación sensorial.

CAPÍTULO 7. CORRELACIONES DE LOS SENTIDOS

En este capítulo se estudian cómo las sensaciones percibidas, cuando se consume un alimento, son transmitidas de forma simultánea al cerebro, que las interpreta y elabora la respuesta. Por tanto, es evidente que existe una relación entre los sentidos humanos cuando estamos consumiendo cualquier alimento. El índice que se seguirá es el siguiente.

1. **Introducción**
2. **Relación de la vista con el gusto, olfato y oído**
   2.1. **Relación de la vista con el gusto**
   2.2. **Relación de la vista con el olfato y gusto**
   2.3. **Relación de la vista con el oído**
3. **Relación del gusto con el olfato y el tacto**
   3.1. **Relación del gusto con el olfato**
   3.2. **Relación del gusto con el tacto**
4. **Relación del oído con el gusto y con el olfato**
5. **Flavor**

1. INTRODUCCIÓN

Las sensaciones sensoriales, que produce el consumo de un producto alimenticio, están relacionadas con la percepción por parte de todos los sentidos. La sensibilidad se verá disminuida, o al contrario ensalzada, en función de estímulos externos y de la participación de los cinco sentidos (figura 56).

Un alimento que se ingiere va a estimular simultáneamente a varios sentidos –quizás no todos a la vez, pero sí de forma continua– y esto provocará que los receptores envíen sus señales por el sistema nervioso al cerebro y allí se correlacionen con una mutua influencia.

Los sentidos van a influirse unos en otros, así en el *sabor* participa el gusto y el olfato fundamentalmente, aunque también la textura y el color van a influir en la sensación percibida. Por otra parte, la vista es el sentido que aprecia la apariencia y el color, pero es importante su participación en la textura, en la fase manual, como también participa el oído en la percepción de la textura. El olfato es fundamental en el sabor de los alimentos para percibir el olor y el aroma que participan en un 80% del sabor. La vista, tacto y oído son los sentidos más importantes que participan en la apreciación de los atributos de la textura (figura 57).

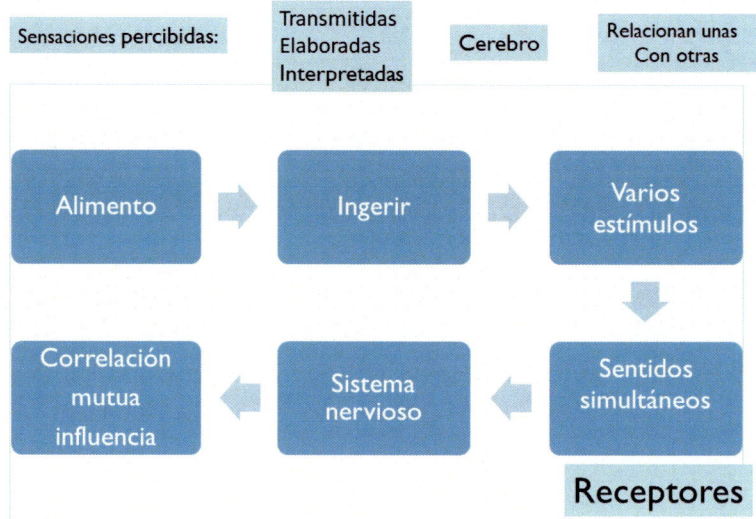

Figura 56. Proceso sensorial al consumir un alimento.

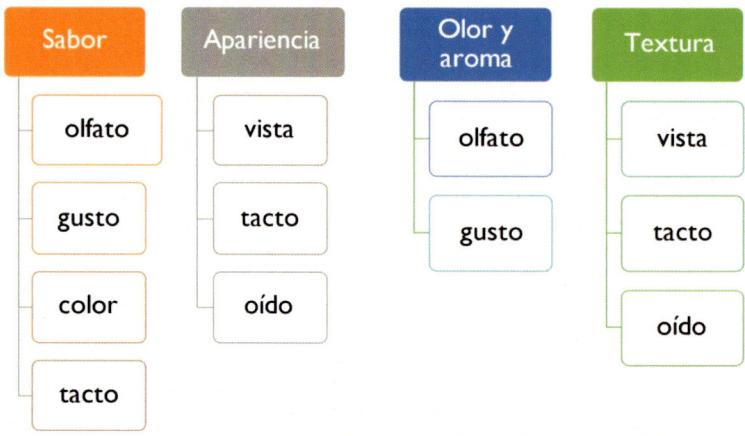

Figura 57. Participación de los sentidos en las percepciones sensoriales.

Para comprobarlo de forma más clara, imaginemos que se va a tomar una taza de café. El primer sentido que se activará será el oído y la vista, ya que cuando se prepara el café se oirá la vajilla, cucharilla y cómo cae el café en la taza; además se verá el color del café, consistencia y la espuma que se forma. A continuación, será el olfato el que perciba el estímulo y procesará la respuesta en el cerebro, ya que enseguida en el ambiente se olerán las numerosas sustancias volátiles de la bebida del café. Una vez que la taza se acerque a la boca, el olfato detectará otros compuestos odoríferos y al beber se apreciará el aroma. Casi simultáneamente, en la cavidad bucal, el gusto responderá a los diferentes estímulos de sabores ácido, amargo y dulce del café. Asimismo, se perciben otras propiedades somato-sensoriales como las sensaciones térmicas o la astringencia; y cuando se trague la bebida pueden aparecer el retrogusto y la persistencia. Pero no hay que olvidar que en cuanto la bebida esté en boca se notará la textura del café, que se puede definir como sedosa y suave al tragar por la garganta. Se puede decir que el conjunto de sensaciones que estamos apreciando es lo que se ha denominado como "flavor" de una taza de café, con la participación de todos los sentidos, y que las sensaciones somatosensoriales van a influir en las respuestas (figura 58).

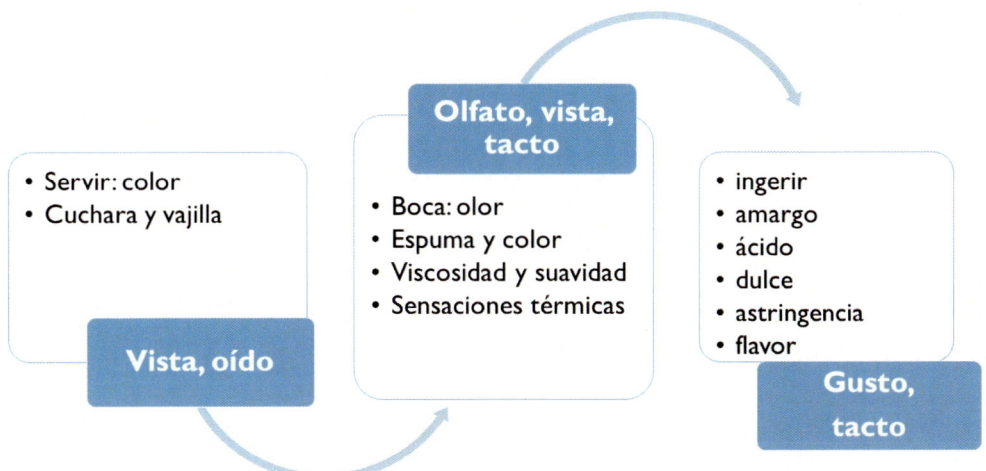

Figura 58. Sensaciones sensoriales al ingerir una taza de café.

2. Relación de la vista con el gusto, olfato y oído

La vista está relacionada con la sensibilidad a las percepciones olorosas y gustativas, pero parece estar más correlacionada con el nivel de ingestión de vitamina A: en realidad, la posible influencia está más relacionada con una deficiencia de receptores epiteliales por falta de vitamina A que con el proceso sensorial.

Por otra parte, parece que la luz blanca y con alta intensidad luminosa aumenta la sensibilidad al olor y al gusto.

2.1. Relación de la vista con el gusto

A lo largo de los años, se han realizado diversas investigaciones que afirman que la apariencia de un alimento o de bebidas, como puede ser el color, influye en la percepción del gusto: parece existir una asociación de colores con mayor intensidad con sabores más fuertes, que provocarán una sensación más o menos agradable según el producto. El color puede sugerir, incluso confundir, el gusto o su magnitud, aunque no ocurre igual para todos los sabores ni para todas las personas. No obstante, en algunos casos es necesario enmascarar el color, poner iluminación o utilizar vasos azules para que el color no sugiera un sabor diferente o con mayor intensidad. Así una salsa oscura, con un color marrón, sugiere que puede tener mayor intensidad de sabor que una de color más pálido. Puede darse la circunstancia contraria con un aceite de oliva virgen de un color amarillo en lugar de amarillo verdoso, puede confundir y sugestionar al consumidor que es de menor intensidad de sabor, cuando el color depende de la variedad de la oliva (figura 59).

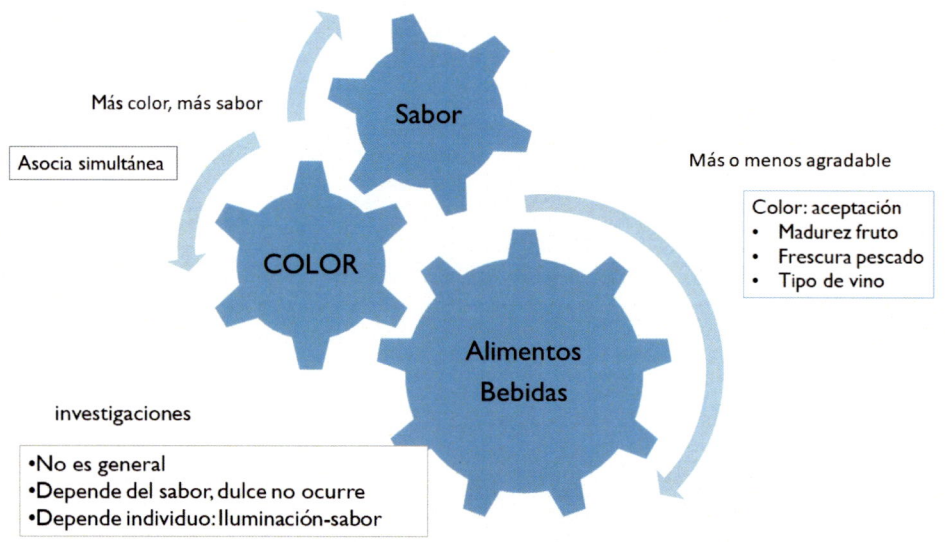

Figura 59. Relación de la vista con el gusto.

2.2. Relación de la vista con el olfato

Por otro lado, en ocasiones se asocian los colores a olores: por ejemplo, el color rosa a un olor floral, o el color amarillo con el olor vainilla.

Asimismo, el olor puede afectar a la vista: algunos investigadores han encontrado que ciertos olores fuertes, como el de bergamota y piridina, disueltos en tolueno, aumenta la sensibilidad de los órganos visuales; es decir, que si estamos oliendo algo de olor fuerte tenemos más sensibilidad visual.

2.3. Relación de la vista con el oído

El sentido de la vista está comprobado que se relaciona con el sentido del oído. Se ha encontrado que la sensibilidad a la luz blanca, en la zona de la retina del ojo, aumenta con estimulaciones auditivas, lo que puede ser debido a que al individuo que hace la experimentación aumente su sensibilidad sensorial.

Sin embargo, lo que sí es más sorprendente es que la modificación auditiva por las sensaciones luminosas depende de su longitud de onda. Así, la sensibilidad varía de forma diferente si se utiliza la luz de diferentes colores como estímulo principal. Por ejemplo, si la luz es verde incrementa la sensibilidad auditiva, mientras que si la luz es de color rojo se disminuye (figura 60)

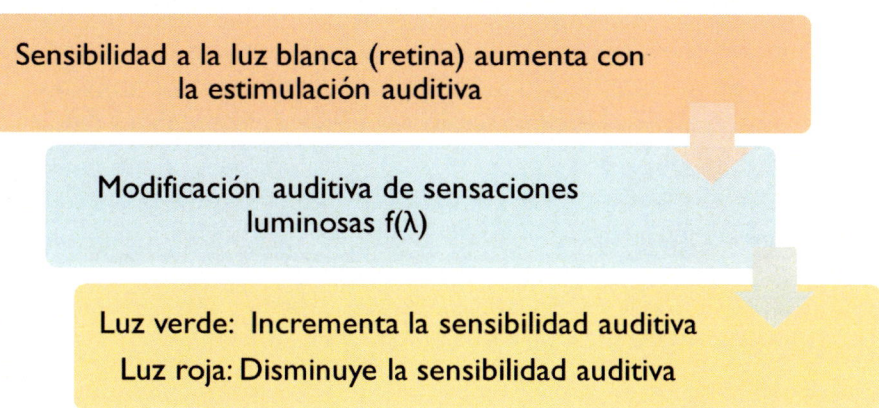

Figura 60. Relación de la vista con el oído.

3. Relación del gusto con el olfato y el tacto

3.1. Relación del del gusto con el olfato

La relación del sentido del gusto con el olfato ya se ha mencionado en el capítulo 5, y se da en las sensaciones sensoriales del sabor y del flavor. Además, el olfato es fundamental para excitar las papilas gustativas y segregar saliva para una buena digestión y asimilación de los alimentos. Es decir, que, sin el olfato, solo con el gusto, no se diferenciarían los alimentos: es necesaria la función olfativa para oler y conocer su aroma. Por eso, si el olfato no funciona por cualquier anomalía, la comida no tiene sabor. El sabor está ligado a las características gustativas de las sustancias sápidas y los olores se asocian a compuestos volátiles conocidos, pero son más difíciles de definir porque existen miles de sustancias odoríferas.

3.2. Relación del gusto con el tacto

En la cavidad bucal, y en concreto en la lengua, reside el sentido del gusto. En las papilas gustativas se localizan las células receptoras, pero también hay terminaciones nerviosas que captan las sensaciones tanto táctiles como térmicas. Por eso hay cierta relación de la percepción de los sabores con la textura y las propiedades somatosensoriales como la astringencia y las sensaciones térmicas. No obstante, existe además una correlación de la sensación de cómo se perciben los sabores en función de la textura de un alimento. Esto es debido a la velocidad con que las sustancias sápidas alcanzan los receptores. Así se ha comprobado que habrá una intensidad mayor de sabor si un alimento está en medio acuoso que si está en aceite. Esto es lógico, puesto que las sustancias sápidas deben ser solubles en agua y, por tanto, la cantidad de sustancia que llega al receptor será mayor cuando están disueltas en agua. Después se verificó que efectivamente el nivel de detección es en orden decreciente, de más velocidad en llegar a los receptores si el alimento está en estado de gel, espuma o mousse, líquido y líquido espeso –este último necesitará más tiempo o mayor cantidad de sustancias sápidas para tener la misma percepción (Sancho *et al.*, 1999)–. Además, cada sabor básico, dulce, salado, ácido y amargo, tendrá un umbral de detección diferente, como se explicó en el capítulo 2.

4. Relación del oído con el gusto y con el olfato

Las relaciones del sentido del oído con los sentidos del gusto y el olfato son difíciles de establecer, pero seguro que existen. Hay trabajos que relacionan la sensibilidad química de los sentidos del gusto y olfato con el efecto físico de un sonido. Hay teorías sobre el sentido del oído que afirman que los sonidos solo actúan como distracción en el sabor (gusto y olfato), pero se sabe que el sonido al masticar o beber influye en la percepción del sabor, así como el sonido o ruidos externos del entorno pueden actuar en que la sensación al comer sea más o menos placentera. Los alimentos pueden tener diferentes sabores o percibirlos con un sabor diferente en función de lo que escuchas. Se hizo un ensayo, por parte del enólogo Jaume Gramonet –profesor del Grado de Enología de la Universitat Rovira i Virgili (Tarragona) experto en vinos espumosos– de forma que, bebiendo una copa de cava, escuchando diferentes tipos de música, moderna y clásica, los jueces catadores debían valorar el sabor ácido de ambos cavas, pensando que eran de diferente marca o tipo, y todos puntuaron como más ácido el cava cuando escuchaban a la vez que lo cataban una música moderna (tres14: Oído | RTVE Play).

Asimismo, una paella puede tener un sabor más intenso y aceptable si la degustamos en la orilla del mar que en un bar de carretera con ruidos de tráfico.

Por tanto, el efecto del sonido sobre un alimento parece que es una percepción más compleja de lo que se pensaba antes. Se trata de una relación más subjetiva que objetiva, pero realmente para ciertos alimentos es necesario oír el crujido de las patatas o de las palomitas al masticarlas, del chocolate el sonido al partirlo y morder, o escuchar las burbujas de una bebida refrescante o de un vino espumoso cuando lo estamos bebiendo. Para la nueva gastronomía, que mejoran y cocinan con nuevas texturas, el sentido del oído es fundamental, como las aceitunas elaboradas para que exploten al meterlas en la boca (figura 61).

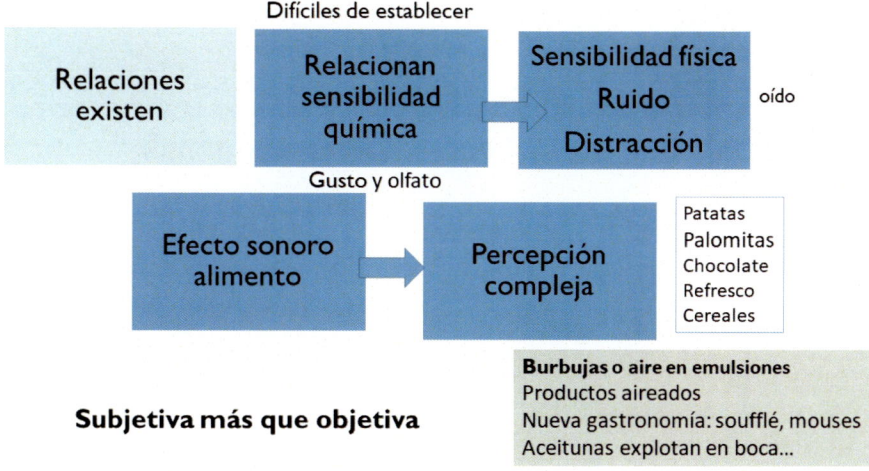

Figura 61. Relación del oído con el gusto y olfato.

5. FLAVOR

Para acabar este capítulo hay que recordar el término flavor, que es un conjunto de sensaciones olfativas y gustativas percibidas durante la degustación y que están influidas por las sensaciones táctiles, térmicas, álgicas (excitación) y cinestésicas (de movimiento), y también influidas por el entorno, color de la vajilla, lugar, sonidos y por la psicofísica, donde se esté consumiendo el producto (figura 62).

Por tanto, el flavor es una percepción multisensorial en el que están implicados todos los sentidos, y además el sistema somatosensorial, al degustar un alimento. Es el conjunto de sensaciones complejas que se obtiene por la estimulación de varios órganos, cuando se consume un alimento o bebida y se incluyen los cinco sentidos, además de las sensaciones somatosensoriales como astringencia, picante y sensaciones térmicas y demás factores ya mencionados.

Además, algunas sensaciones se perciben antes de consumir el alimento o bebida, como la apariencia, el olor y algunas propiedades de la textura en la fase táctil manual. En la fase bucal se apreciarán los sabores y aroma, además de las propiedades de la textura y los sonidos del oído durante la masticación.

El entorno y el ambiente (sonido, luz, temperatura, etc.), además de las emociones y estado fisiológico de la persona catadora, van a influir en la percepción sensorial.

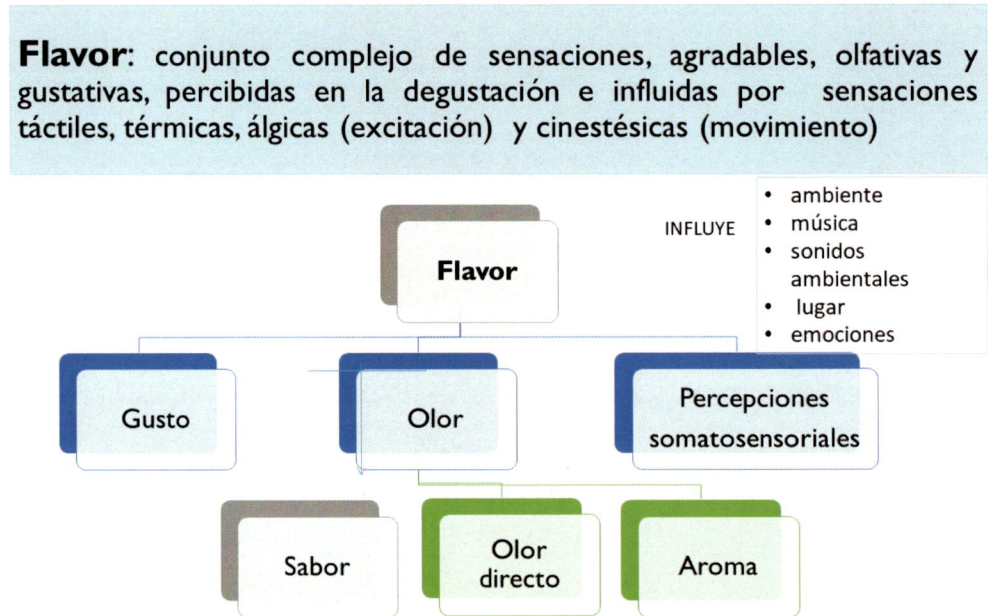

Figura 62. Resumen de las sensaciones sensoriales.

Resumen

En este capítulo se ha tratado de reflejar que las percepciones por los cinco sentidos no se perciben ni se registran en el cerebro de forma individual ni en un orden establecido de forma estricta. Las sensaciones sensoriales cuando se degusta un producto se van a percibir de forma simultánea y los sentidos van a influir en la percepción de otros. Hay relaciones que se explican de forma lógica y que se han visto en otros capítulos, como el sentido del gusto y su relación con el olor y el aroma para que un alimento tenga un sabor que lo diferencie de otro. Y habrá otras relaciones que serán más difíciles de explicar, como que el oído influya en la sensibilidad visual. Finalmente, el concepto actual del flavor se considera una percepción multisensorial que incluye todas las sensaciones percibidas por los sentidos y por el sistema trigémino y que el cerebro es capaz de procesarlas. No obstante, se ha comprobado que el entorno, el ambiente y las emociones pueden influir en nuestra apreciación del flavor; de hecho, ya se menciona como el flavor emocional (Cordero-Bueso, 2017), ya que todo lo vivido y todas las percepciones antiguas y nuevas nos influirán en como percibamos un alimento o bebida.

PARTE III

Metodología del Análisis Sensorial de Alimentos

Capítulo 8. Los jueces y las condiciones de las pruebas

En este capítulo se van a abordar las condiciones y requisitos previos para llevar a cabo un análisis sensorial de forma adecuada. Por una parte, estaría el control del panel, en el que se estudiarán los tipos de jueces, su selección y entrenamiento; y, por otra parte, la normalización de las condiciones AENOR (2019). Se seguirá el siguiente índice.

1. **Control del panel**
   1.1. **Los jueces y tipos de jueces**
   1.2. **Selección de jueces**
   1.3. **Entrenamiento de los jueces**
2. **Condiciones de las pruebas**
   2.1. **Sala de cata**
   2.2. **Preparación y presentación de las muestras**
3. **Análisis de resultados. Estadística**

1. Control del panel

En este apartado se van a reflejar los diferentes jueces que existen y qué tipo de pruebas puede realizar cada grupo. Asimismo se verá cómo se realiza el procedimiento seguido para seleccionar los jueces y, por último, cómo deben entrenarse para permanecer con sus cualidades sensoriales para seguir ejerciendo de jueces, este solo para los entrenados y semientrenados.

1.1. Los jueces y tipos de jueces

Los jueces son aquellas personas que participan en pruebas sensoriales en una sala de cata, al conjunto de catadores se le denomina panel.

Para realizar un análisis sensorial es necesario contar con un panel de jueces, constituido por un grupo de personas seleccionadas para llevar a cabo un ensayo sensorial. Se deben elegir en función del objetivo de la prueba, ya que los requisitos que han de reunir difieren según el tipo de cata. Los jueces entrenados y expertos deben tener un entrenamiento basado en una serie de sesiones que buscan familiarizar a los sujetos con las tareas a realizar en las pruebas sensoriales de productos concretos, mediante técnicas de evaluación y terminología. De esta forma se obtienen respuestas precisas y reproducibles. La guía para la selección, entrenamiento y control de catadores queda recogida en la ISO 8586 (AENOR, 2014a).

No obstante, actualmente se está debatiendo sobre si esto realmente es así, es decir, que solo los jueces entrenados podrían hacer ciertas pruebas más complejas, por ejemplo, descriptivas, y sin embargo no tendrían capacidad para ello los consumidores o jueces no entrenados. Asimismo, ocurriría a la inversa, que las pruebas afectivas o hedónicas, que suelen hacerse con jueces no entrenados o consumidores habituales del producto a evaluar, podrían realizarse con jueces entrenados, a pesar de que el número de un panel suele ser menor –alrededor de 10– de lo aconsejado para este tipo de pruebas. Parece que las líneas que separan un tipo de jueces y otro, para diferentes evaluaciones sensoriales, no son ya tan nítidas. Así los consumidores podrían hacer ciertas pruebas que supondrían calificar la intensidad de ciertas características, con métodos más flexibles adaptados a paneles con diferente grado de formación, proporcionando resultados similares a los paneles de jueces capacitados para ello. Sin embargo, los investigadores de esta disciplina deben ser conscientes de que los jueces expertos, entrenados, siguen siendo necesarios en varias situaciones y para ciertas evaluaciones sensoriales (Ares, y Varela, 2017).

Existen cuatro tipos de jueces en función de su entrenamiento y participación en diferentes pruebas, que son juez experto o profesional, juez entrenado o panelista, juez semientrenado o de laboratorio y juez sin entrenar o consumidor (Sancho *et al.*, 1999).

Cada uno de ellos podría participar en unas pruebas u otras dependiendo de su dificultad. A continuación, se explican los cuatro tipos de jueces (Cordero-Bueso, 2017) (figura 63).

1. Juez experto. Es aquel que tiene una gran experiencia en probar un determinado alimento y está especializado en ese producto. Trabaja solo o en grupos muy reducidos de cuatro a seis personas. Tiene una gran sensibilidad para percibir diferencias entre muestras y para distinguir y evaluar las características del alimento. Son capaces de apreciar una elevada variedad de aromas y de distinguir muchos sabores, además de otros atributos de textura o de apariencia, como el color.

Su habilidad, experiencia y criterio son tales que en las pruebas que efectúa solo es necesario contar con su respuesta o decisión. Su entrenamiento es largo y costoso. Por lo tanto, suele intervenir en la cata de ciertos alimentos que se valoran principalmente por su calidad sensorial y que suelen ser productos de elevado coste; así se encontrarían en este grupo el aceite de oliva virgen extra, el vino, el té, el café, trufas, jamón ibérico y otros productos, existiendo pocos expertos en cada país. En España existen paneles para los alimentos mencionados, formando grupos de expertos, y también en cada comunidad autónoma. La mayoría forman parte del panel de cata, dependiendo del Ministerio de Agricultura, Pesca y Alimentación.

Estos jueces deben mantenerse en forma, realizar entrenamientos para comprobar que tienen las aptitudes necesarias para seguir siendo expertos. No deben fumar, tomar alimentos muy condimentados, ni consumir las bebidas ni muy frías ni muy calientes. Y en principio, no deben consumir, excepto durante las pruebas, los alimentos de los que son expertos. El entrenamiento consistirá en que efectúen una serie de pruebas periódicamente para seguir teniendo la habilidad de percepción. Además, deben aprender a identificar productos nuevos o marcas comerciales que se vayan incorporando: por ejemplo, vino con nuevas variedades o aceites de nueva denominación de origen.

Son jueces que son capaces de hacer todo tipo de pruebas sensoriales, aunque si participan en pruebas afectivas serán consumidores.

2. Jueces entrenados. También denominados *panelistas*. Suelen formar parte de un panel que consta de unos siete a quince jueces. Tienen bastante sensibilidad para evaluar los atributos de sabor y textura, entre otros. Han recibido enseñanza teórica y práctica. Igual que ocurría con el grupo anterior de jueces, deben abstenerse de los hábitos que puedan alterar su capacidad de evaluar alimentos. Pueden participar tanto en pruebas sencillas como en pruebas descriptivas y discriminativas complejas.

3. Juez semientrenado. También denominados de *laboratorio*. Son personas con un entrenamiento teórico y habilidades similares al juez entrenado, pero actúan en las pruebas discriminativas y descriptivas sencillas que no requieren una definición muy precisa de términos y escalas. Suelen trabajar en grupo de diez a veinte, con un máximo de veinticinco jueces por panel.

4. Juez sin entrenar o consumidor. Son personas al azar, consumidores habituales del producto, aunque en ocasiones prueben nuevos alimentos. Carecen de habilidad especial para la cata. Realizan solo pruebas afectivas, como pruebas de aceptación, nunca pueden llevar a cabo pruebas descriptivas ni discriminativas. Los paneles deben ser grupos de al menos sesenta jueces, aunque se recomienda que sean más de cien.

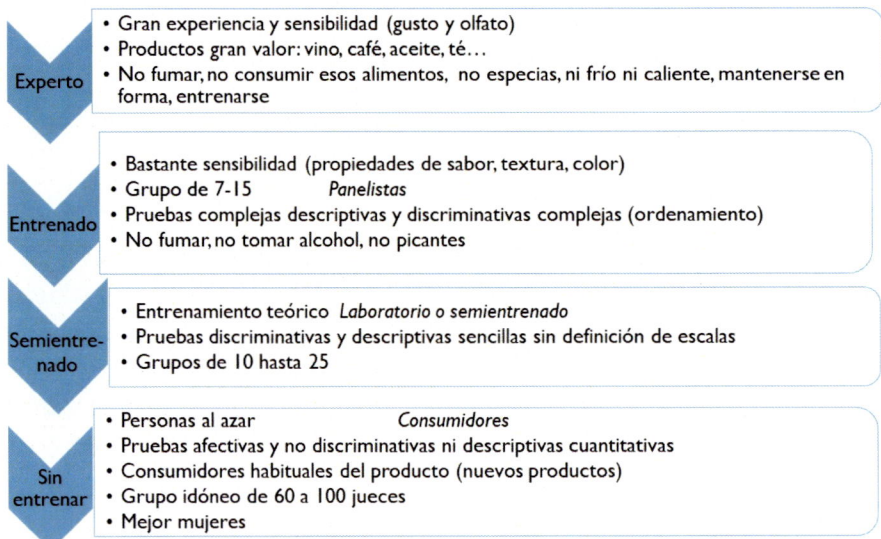

Figura. 63. Tipo de jueces en las pruebas de análisis sensorial de los alimentos.

Por supuesto no podrán ser jueces de evaluación sensorial las personas con neofobia alimentaria, que significa que no quieren probar alimentos nuevos o poco habituales en su costumbre culinaria. Ocurre de forma más habitual en niños pequeños entre dos y seis años, luego suele disminuir con la edad, aunque en los ancianos se suele incrementar la neofobia, y puede ser debido a alguna mala experiencia. Sin embargo, existen otras personas que, al contrario, están dispuestas a probar alimentos nuevos y experimentar nuevas sensaciones (Cordero-Bueso, 2017).

1.2. Selección de jueces

Este apartado se refiere a los jueces entrenados y semientrenados, es decir, los que trabajan para la industria alimentaria y en los laboratorios de calidad (AENOR, 2010).

Para seleccionar a los jueces se siguen una serie de criterios:

a) **Habilidad**. Deben tener la capacidad para detectar una propiedad o diferenciar entre muestras. No pueden ejercer de jueces entrenados personas con defectos en algún sentido sensorial si está relacionado con los atributos que va a evaluar. Se seleccionan basándose en la agudeza y habilidad para apreciar características básicas de sabor, olor y textura y otras habilidades para discriminar entre productos (Köster, 2003). No pueden tener *anosmia* (defecto en el olfato), ni padecer *daltonismo,* ni tener dificultades para percibir sensaciones táctiles o *parestesia*, ni tener pérdida del sentido del gusto *hipogeusia* o no detectar ningún sabor, que es *ageusia*.

b) **Disponibilidad**. Que los jueces tengan disponibilidad de tiempo y espacio es fundamental, porque de ello depende la validez y el éxito de las pruebas sensoriales, principalmente en muestras que sean perecederas. Es decir, que los jueces puedan acudir a la sala de cata cuando sea necesario para hacer la evaluación sensorial al mismo tiempo, sin ausencias, que no tengan que viajar mucho.

c) **Interés**. Es importante motivar a los jueces para que tengan buena disposición, se debe explicar el objetivo de la prueba y su importancia y aclarar si van a percibir algún olor o textura desagradables. Es conveniente dar premios, como lotes de los productos que vayan a catar. Se suele organizar muchas veces con los propios técnicos de laboratorio y con estudiantes de alguna universidad cercana a la sala de cata del centro de investigación o de la empresa que realiza la evaluación sensorial.

d) **Desempeño y funcionamiento**. En ocasiones, aunque se tenga voluntad, el juez no tiene habilidades y a veces tiende a exagerar al calificar las pruebas. Esto en parte se puede evitar alternando períodos de descanso. Si, aun así, se ve que no es apto para realizar alguna prueba, se debe corregir con entrenamiento, y si no mejora debe eliminarse a ese juez. El entrenamiento de jueces se realiza para que no pierdan su capacidad de discernir en las pruebas sensoriales.

1.3. Entrenamiento de los jueces

El entrenamiento es imprescindible para los jueces *entrenados* o panelistas y *semientrenados* o de laboratorio.

Para realizar el entrenamiento de los jueces es necesario que haya un entrenador con un programa, que lleve a cabo una serie de explicaciones y ejecute diversas pruebas sensoriales con alimentos, con una posterior comprobación.

a) El entrenador es la persona que lleva y organiza el entrenamiento: debe conseguir un clima adecuado y agradable en la sala de cata y tener un buen nivel de comunicación, debe manejar bien la dinámica de grupo y no intimidar para que los jueces sean libres de opinar, aunque estos deben reconocer su autoridad.

b) Programa. El entrenador debe elaborar un programa previo incluyendo unos objetivos, temas, métodos de exposición adecuados y acordes al nivel y plantear claramente cómo realizar las medidas para conseguir los objetivos.

c) Explicación. Es fundamental una serie de explicaciones teóricas del análisis sensorial. La importancia para la investigación y control de calidad, del uso de los cuestionarios y cómo se deben interpretar los resultados debe estar muy claro y ser ameno.

d) Prácticas. Realizar diversas pruebas con alimentos, aplicar escalas y luego comprobar los resultados para verificar la habilidad y sensibilidad de los jueces.

e) Comprobación. Hacer pruebas con referencias y comprobar el entrenamiento del panel de cata.

La guía para seleccionar, entrenar y controlar los jueces catadores está recogida en la norma UNE_EN ISO 8586 (AENOR, 2014b).

Para realizar el entrenamiento de los jueces se realizan pruebas básicas de detección y reconocimiento de sabor y olor, así como prácticas de ensayo de textura.

En el caso de la sensibilidad gustativa, se elaboran disoluciones acuosas de sustancias que proporcionen los sabores básicos. La preparación se hace atendiendo a las normas UNE en las concentraciones indicadas.

Para aprender a reconocer los sabores primarios se prueban los distintos sabores en vasos (doce muestras, dos de cada sabor) con códigos, y deben probar y separar en seis grupos, indicando las claves de cada muestra:

Dulce	EM42	sacarosa 2%
Salado	FA58	cloruro sódico 0.2%
Ácido	JP29	ácido cítrico 0.07%
Amargo	NR13	cafeína 0-07%
Umami	OK78	glutamato sódico 0.2%

Posteriormente se comprueban los aciertos.

Otras pruebas que se realizan es averiguar el umbral de percepción de los sabores básicos: se utilizan disoluciones de sacarosa (dulce), cloruro sódico (salado), ácido cítrico (ácido) y cafeína (amargo) en diferentes concentraciones. Así se conoce la fiabilidad del panel de catadores. La prueba consistirá en probar disoluciones de diferente concentración, probando de menor a mayor, y así se comprueba la sensibilidad de cada catador y se conoce la concentración más baja que son capaces de detectar. En esta prueba no se admite la recata o vuelta atrás.

Por último, se hace la prueba de reconocimiento de sabores básicos: los jueces prueban disoluciones con los sabores básicos y uno de ellos se repite, deberán averiguar el sabor de cada vaso codificado. Se comprueban los aciertos.

Para la iniciación y entrenamiento de jueces en la detección y reconocimiento de olores se realizan pruebas con disoluciones preparadas según la norma ISO 5496:2006 (AENOR, 2010), con diferentes sustancias disueltas en etanol y posteriormente diluidas en agua, en diferentes proporciones según la sustancia. A continuación, los jueces olerán los botes preparados tapados y codificados y asignarán los descriptores asociados a cada olor.

Se utilizan, por ejemplo, las siguientes sustancias: aldehído benzoico, mentol, vainillina, timol, 1-octen-3-ol, fenilacetato de etilo, acetato de bencilo, ácido butírico y anetol. Y también se usan los descriptores: especiado, tomillo, hierba; setas; albaricoque, miel; mantequilla rancia; almendra amarga, cereza; jazmín, lila; menta; vainilla y anís.

Las pruebas de textura comienzan con asociar unos alimentos con unos atributos de textura. Los jueces prueban los siguientes alimentos: espárrago, chocolate, mantequilla, gominolas y queso de régimen, y tienen que asociarlos con los términos de textura: plástica, untuosa, arenosa, fibrosa y gomosa (en principio cada descriptor es para uno de los alimentos). Por supuesto, se podrían poner otros alimentos como naranja, cereales, gelatina, apio, etc. añadiendo algún otro descriptor. La siguiente prueba es determinar la dureza de tres alimentos –manzana, pepinillo en vinagre y queso semicurado– mediante el uso de la escala estándar de dureza de España, que son nueve niveles asociados a un producto de referencia presentado según se indica en la norma UNE 87025: 1996 (AENOR, 1997).

2. Condiciones de las pruebas

En este apartado se abordarán las condiciones normalizadas que se debe cumplir para realizar de forma correcta una evaluación sensorial.

2.2. Sala de cata

El espacio donde se realizan las pruebas sensoriales, que se denomina sala de cata, es muy importante y debe cumplir unos requisitos indispensables para que los resultados obtenidos sean idóneos.

Se deben estandarizar al máximo las condiciones de la sala de cata, desde su tamaño a la iluminación, ausencia de ruidos y olores, uso de utensilios, etc.

Existe una normativa publicada como normas UNE-EN ISO 8589 (AENOR, 2014b) que fija todas las condiciones de la sala de cata, así como recomendaciones de los locales auxiliares, es decir, el área donde se preparan las pruebas para que los jueces catadores no vean las muestras. Es esta zona estarán los aparatos necesarios para preparar las muestras: placa de calor, microondas, frigorífico, licuadora, cuchillos, etc.

La sala de cata debe ser un local agradable, tranquilo y cómodo. Debe tener buena ventilación e iluminación, con paredes de color neutro claro como blanco, gris o beige, fácil de limpiar y aislado de ruidos y olores. Además debe mantener una temperatura agradable, de entre 20º y 22º C y una humedad relativa del aire entre un 60 a 70% HR.

En la sala de cata se dispondrán las cabinas de cata, de unas dimensiones fijadas y separadas unas de otras por paneles de madera para que los jueces no vean lo que están haciendo. Las superficies de las cabinas serán de madera lacada y deberán tener un grifo y desagüe, así como distintas bombillas o luces de algún otro color diferente a la luz blanca. Además, las cabinas tendrán una ventana por la que el organizador de la prueba introducirá las muestras, y deberán tener un asiento cómodo. Las fotos 1 y 2 son de la sala de cata, y sus quince cabinas, que está situada en la Universidad Autónoma de Madrid, en el edificio de laboratorios de Ingeniería Química y Tecnología de Alimentos.

Foto 1. Sala de cata de la Universidad Autónoma de Madrid.

Foto 2. Cabinas en la Sala de cata.

2.2. Preparación y presentación de las muestras

La norma UNE-ISO 6658 establece una guía general de las condiciones para la metodología sensorial (AENOR, 2019), estando normalizada la presentación y preparación de las muestras, como se refleja a continuación.

El *tamaño de las muestras*. Si son alimentos que están por piezas se catará una unidad: por ejemplo, un caramelo, una galleta, una onza de chocolate o una aceituna. Si los alimentos son sólidos y se presentan a granel o en un envase, se pesarán muestras de 25 gramos; si son líquidos, igual sean a granel o de un envase, se medirán alrededor de uno 15 mililitros (mL), que será como el líquido de una cuchara. En el caso de ser bebidas se suele dar, en vasos, una cantidad entre 25-50 mL.

Preparación de las muestras. se deben preparar de forma que sean homogéneas: si son sólidos y pueden partirse bien en tiras, se suelen presentar en cubos de 1,25 cm por 1, 25 cm.

Las muestras se consumirán a la *temperatura habitual* de consumo, es decir, a temperatura ambiente las frutas y frutos secos, los dulces y pasteles, las galletas, etc. Las verduras, carnes, pescados y huevos se prepararán con el proceso culinario que sea habitual –a 80 °C, cocidos, fritos, asados o al vapor– y se mantendrán a 57 °C con un margen de tolerancia de ±1 °C.

Las bebidas o alimentos líquidos que se consumen calientes, como café, té o caldo, se probarán a temperaturas entre 60 °C y 66 °C; las bebidas frías, como zumos y refrescos, a temperatura de entre 4° C a 10 °C; y los helados a -1 °C (Britz y García, 2004).

Por último, las muestras se probarán solas, a no ser que sea imprescindible utilizar un "vehículo"; por ejemplo, la lechuga sería el vehículo para probar una salsa de aderezo, o unas galletitas, insípidas sin sal, para probar una masa de untar, tipo paté o crema de chocolate.

Presentación de las muestras

Por otra parte, en muchas pruebas se deben *codificar* las muestras, generalmente se suelen utilizar caracteres numéricos o alfanuméricos de tres o cuatro dígitos (Cordero-Bueso, 2017). En otras pruebas, con indicar una letra o un número es suficiente.

Y se servirán en *orden aleatorio* con su codificación, que no dé pistas sobre la muestra. Se prueban siempre de izquierda a derecha, en el caso de presentarse en vasos, o en el sentido de las agujas del reloj si se han colocado sobre un plato formando un círculo.

Para evitar que el juez se sature, se desaconseja probar más de cinco muestras en una misma sesión. También, y sobre todo con jueces poco entrenados, se deberían fijar en un solo tipo de atributo, para que no se produzca lo que se denomina efecto "halo", que es atribuir otras sensaciones no percibidas en ese producto.

En cuanto al *horario* en que se efectúan las pruebas sensoriales, se aconseja que sea en las horas alejadas de las comidas, el mejor sería entre las 11 h y las 13 h o entre las 17 h a las 18 h. Las muestras se suelen degustar tal y como se consumen habitualmente, es decir, sin diluir, solo en casos muy excepcionales como una salsa muy picante se hace dilución de esta.

Generalmente se utiliza vajilla y cubertería blanca y plateada respectivamente. Pero en muchas ocasiones se utilizan utensilios de un solo uso, antes de material plástico y ahora de cartón, con la excepción de las catas de bebidas como vino y cerveza, que se utilizan las copas normalizadas.

Todos estos factores descritos previamente van a influir en la percepción de los sentidos y por eso es importante normalizarlos. Se han hecho diversos estudios y se ha detectado, por ejemplo, que la comida servida en platos de color claro, blanco o beige les resultan más dulces, mientras que si se usa vajilla oscura, negra o azul se asocia con sabores más ácidos (Piqueras-Fiszmkan y Spence, 2011; Piqueras-Fiszman, Alcaide, Roura y Spence, 2012).

En otro estudio, se comprobó que el vino servido en copas de cristal de color azul les resultaba más astringente que si lo cataban en copas transparentes (Ross, Bohlscheid y Weller, 2008).

3. Análisis de resultados. Estadística

El análisis sensorial de los alimentos es un proceso de recopilación de información, y se puede dividir en dos etapas principales: el diseño del experimento y el análisis e interpretación de resultados. La elección de un procedimiento analítico en la ciencia sensorial es crucial para obtener información que correlacione los productos alimenticios y los consumidores. Tradicionalmente, el análisis sensorial se basa en diseños experimentales clásicos y técnicas de análisis lineal multivariado. Los métodos basados en algoritmos informáticos, como los diseños óptimos en el diseño de experimentos y la red neuronal artificial como método de regresión no lineal, pueden usarse junto con los métodos actuales o adoptarse para superar posibles deficiencias de los métodos existentes (Yu y Zhou, 2018).

No obstante, hay que recordar que la evaluación sensorial es una disciplina relativamente moderna, que tiene métodos y prácticas utilizados en la investigación del consumidor, pero se deben tener en cuenta muchos factores que van a afectar a los resultados. Köster (2003) describe varias falacias que se siguen manteniendo y que van a influir en los resultados de las pruebas sensoriales. No hay que olvidar que se valora nuestro propio comportamiento para realizar un análisis que se desea que sea objetivo. Las falacias son las siguientes:

1) Pensar que el consumidor es uniforme, cuando hay diferencias individuales dando una variabilidad de respuestas porque cada persona percibe los estímulos de diferente forma.

2) Creer en que el consumidor mantiene una estabilidad del comportamiento sobre la elección y preferencia al evaluar un alimento; por ejemplo, hay que tener en cuenta que puede haber cambios en el gusto.

3) Dar por hecho que la percepción está unida a la memoria de lo que se ha percibido en experiencias previas, en ocasiones será así pero no siempre ocurre así.

4) Basar los resultados en que las personas que realizan una prueba son razonables y sus decisiones las hacen tomando en cuenta las opciones.

5) Basar las situaciones perceptivas en criterios objetivos y no por intenciones que pueden ser conscientes e inconscientes debido a varios factores. Se debe tener en cuenta el marco donde se realiza la evaluación sensorial; el contexto alimentario (tipo de alimento, tradicional, envasado, etiquetado, etc.); la situación alimentaria, tanto social como el entorno o lugar donde se efectúa; y las preferencias y aversiones alimentarias individuales.

Por todo ello, para interpretar los resultados del análisis sensorial habrá que tener en cuenta todos los factores que influyen y además realizar un estudio estadístico adecuado en función del objetivo, los datos obtenidos y tipo de prueba. Actualmente, se utilizan otros métodos, distintos a los estadísticos, para el análisis de datos generados en la evaluación sensorial, midiendo las respuestas emocionales de las personas. Puede ser determinando a través de tres tipos de métodos. El primero, midiendo cambios fisiológicos como la frecuencia cardíaca, presión arterial o temperatura de la piel, que se modifican por la reacción del estímulo recibido al consumir un alimento. El segundo, midiendo la actividad muscular mediante electromiografía o mediante un programa informático, que reconstruye la cara de forma tridimensional detectando el estado emocional de la persona –triste, feliz, enfadado, sorprendido, asustado, etc–. Y el tercer tipo de método, más complicado y costoso, es midiendo cambios en las redes neuronales, se detectan cambios en la actividad cerebral de los individuos para realmente conocer sus percepciones. Pueden medirse mediante electroencefalografía (EEC), ya que la frecuencia y amplitud de las ondas se relaciona con la actividad cerebral; con magnetoencefalografía (MEG) que mide campos magnéticos, aunque habría que blindar el aparato y es el más costoso; o por resonancia magnética funcional que mide la variación de la actividad neural del cerebro (Yu, Low y Zhou, 2018).

Estadística

Los sentidos humanos son el principal instrumento para el análisis sensorial, pero para poder interpretar los resultados se necesitan medios matemáticos, como es la estadística, para poder traducir las percepciones a datos cuantificables (Carpenter *et al*, 2002). Por tanto, el uso de la estadística descriptiva para obtener resultados científicos en el análisis sensorial es imprescindible. Para ello se debe tener conocimiento del significado de una serie de variables que se usan en el tratamiento de un conjunto de datos, como son el cálculo de la media, la mediana, la moda, la desviación típica (DT) y estándar (DS). El coeficiente de variación CV (%), resultante de la división de la DT y la media, permite comparar la variabilidad de una característica en el conjunto de datos con diferentes medias.

Además, es necesario aplicar un análisis de varianza en muchas de las pruebas que se llevan a cabo en una sala de cata.

Por otra parte, se utilizan las tablas de Roessler (Catania y Avagnina, 2007) para conocer el número de respuestas correctas según el grado de significación adecuado para cada prueba, así se comprueba si hay diferencias significativas entre muestras. En otras pruebas se usarán las tablas de rangos para comparar cuando son varias muestras y si tienen diferencias significativas en cuanto a la intensidad de un atributo que se haya valorado.

Aparte de la aplicación de estas herramientas estadísticas, es importante identificar los factores que influyen en los atributos de un alimento y en la preferencia por parte de un consumidor. Por eso, se emplean técnicas de análisis estadístico multivariante que permite realizar correlaciones y dependencias de atributos, obteniendo una representación gráfica que resume de una forma global los resultados del análisis sensorial de forma fácil de interpretar. Para llevar a cabo este tipo de análisis se utilizan programas o software de estadística, siendo uno de los más utilizados el denominado SPSS (*Stadistical Package for the Social Sciences*), ya que tiene muchas aplicaciones útiles para el análisis sensorial. Los análisis de estadística multivariante más utilizados son el Análisis de Componentes Principales (PCA), el Análisis de Conglomerados (Clustering) y el Análisis Discriminante Lineal (LDA) (Cordero-Bueso, 2017). A continuación, se describen brevemente.

Análisis de Componentes Principales (PCA) es la técnica exploratoria más conocida y versátil. Se basa en la identificación del tamaño y las direcciones que explican la variabilidad de una matriz de datos sensoriales, calculando nuevas variables, denominadas componentes principales. Este método es ampliamente utilizado para reducir el conjunto de variables dependientes (atributos sensoriales) basadas en patrones de correlación entre las variables originales. Antes de aplicar un PCA es necesario ordenar los datos en una tabla, en la cual cada fila se corresponde con un "sujeto" u "observación" y en cada columna se representa una "variable", que puede ser un atributo sensorial evaluado por un juez. Sin embargo, si los datos de estas variables se obtienen a partir de diferentes escalas de medición, será necesario realizar un auto-escalado para evitar que la magnitud absoluta afecte a la importancia relativa de los datos. Para ello, hay que centrar los datos y, a continuación, normalizar la varianza. De esta forma, la media y la varianza de las variables auto-escaladas serán las unidades 0 y 1 respectivamente. A continuación, se calcula la media de cada una de las variables obtenidas en cada punto de la escala dado por el catador para un atributo determinado. Geométricamente, un PCA representa las muestras en un nuevo sistema de coordenadas. El primer eje cartesiano se construye en el interior de este espacio nuevo, en dirección de la máxima variabilidad del sistema creado. Esta variable nueva, resultante de una combinación lineal algebraica de las variables originales, se denomina la primera componente principal (PC1), la cual expresa la contribución de cada variable en la constitución de los pesos o "loadings". Posteriormente se calcula el segundo componente principal (PC2), siguiendo el mismo procedimiento utilizado para el primer componente, pero con la restricción de que la dirección de la segunda componente sea ortogonal a la primera. El gráfico de pesos de los componentes que se obtiene ofrece información interesante acerca de la influencia que cada variable tiene en la constitución de los PC y las correlaciones entre las distintas variables (Cordero, 2017).

Para entenderlo, en la figura 64 se muestra un ejemplo de Análisis de componentes principales (PCA). La imagen es una representación simultánea de las variables y las observaciones realizadas por el catador sobre cada una de las muestras, que permite conocer cuáles son los atributos sensoriales que tienen más relevancia en la diferenciación del producto. Cuando las variables están más lejos del centro y a su vez más próximas una de la otra, estas se correlacionan positivamente (color y textura); mientras que si están en lados opuestos con respecto al centro tendrán una correlación negativa. En cambio, si son ortogonales, no guardarán ninguna correlación entre ellas (sabor y color).

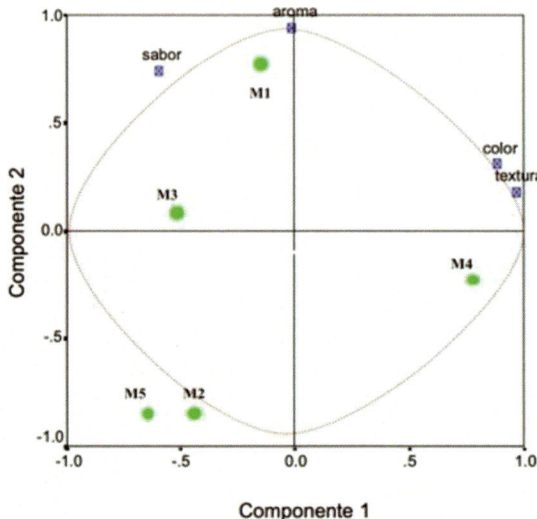

Figura 64. Representación de un ejemplo de análisis de componentes principales (PCA).

Atendiendo a los resultados de la figura 64 se puede proceder a la comparación de perfiles sensoriales de cada una de las muestras, destacando la muestra

1 (M1) por su buen aroma y sabor y la muestra 4 (M4) por tener un buen color y textura. Sin embargo, las muestras 2 (M2) y 5 (M5), como están muy próximas, se puede decir que presentan un perfil sensorial parecido, caracterizados por un mal sabor, aroma, color y textura. Con los datos obtenidos en este análisis se puede conocer el perfil descriptivo de un alimento para comparar productos similares atendiendo a los atributos sensoriales más relevantes para los consumidores, y también alterar sus características organolépticas con el objetivo de satisfacer los gustos del cliente. Otra función del Análisis de los Componentes Principales es la identificación de los valores atípicos (*outliers*), que en este caso son las muestras que influyen en la varianza de los datos de modo determinante, pero que no son útiles para la descripción de la prueba. Con una primera observación del gráfico es posible identificar y separar aquellas muestras con un comportamiento anómalo (Cordero, 2017).

Análisis de Conglomerados (*Clustering*). Esta técnica exploratoria permite identificar similitudes y diferencias entre las muestras evaluadas al igual que entre los propios jueces que llevan a cabo el análisis sensorial. Se trata de un método que se basa en la existencia de grupos o clústeres, ya que no es necesario conocer la clase a la que pertenece cada una de las muestras a priori. Por lo tanto, es esencial el uso adecuado del concepto de distancia. Las observaciones muy cercanas deben de estar dentro un mismo agrupamiento y las más alejadas en grupos diferentes, de modo que las observaciones dentro de un mismo clúster sean homogéneas y lo más diferente posible de las contenidas en otros clústeres. También hay que tener presente el tipo de datos que se manejan, ya que si las variables están en escalas completamente diferentes será necesario estandarizarlas previamente o trabajar con desviaciones respecto de la media. El número de observaciones en cada clúster debe ser relevante, dado que en caso contrario puede haber valores atípicos que deformen las distancias y produzcan clústeres unitarios. Existen dos grupos (Cordero, 2017):

Clúster no jerárquico El agrupamiento no jerárquico aplica el método k-medias para evaluar la similitud entre las muestras sin tener en cuenta la influencia de cada juez del panel. Utiliza un algoritmo que puede gestionar un gran número de casos, aunque es necesario especificar la cantidad de grupos.

Clúster jerárquico. En este caso, los grupos se constituyen de modo jerárquico calculando la distancia muestra a muestra. A diferencia del clúster no jerárquico, no requiere especificar el número de grupos a priori. Sin embargo, la principal desventaja consiste en que cuando se comete un error en uno de los pasos, este se extiende durante todo el proceso sin que sea posible su reajuste. Para representar cómo cada variable influirá en los resultados se lleva a cabo una figura denominada dendrograma. Se trata de conseguir agrupaciones sucesivas de forma que se vayan integrando progresivamente en clústeres, los cuales, a su vez, se irán integrando en un nivel superior formando grupos mayores, que más tarde se juntarán hasta llegar a un clúster final que contiene todos los casos analizados (Pérez, 2004).

Análisis Discriminante Lineal (LDA). Este método de clasificación permite agrupar a los elementos de una muestra en dos o más categorías distintas y, al mismo tiempo, examinar las diferencias entre dos o más grupos atendiendo a una serie de variables. Para llevarlo a cabo se seleccionan tanto las variables como las especificaciones para el análisis. Antes de su aplicación es importante comprobar que los datos sigan una distribución normal y que las matrices de covarianza sean idénticas. Esto significa que la variabilidad entre cada una de las clases tiene la misma estructura para todas ellas, la única diferencia entre las clases será que tienen diferentes centroides (Cordero, 2017). Los casos con valores fuera del rango establecido por este análisis no se utilizarán, pero sí se clasificarán en uno de los grupos existentes a partir de los resultados que se obtengan en el análisis.

Resumen

En este capítulo se han reflejado las condiciones de las pruebas y la normalización que debe cumplir la sala de cata, cabinas y locales complementarios para la preparación de las muestras, así como los utensilios necesarios. Asimismo se detallan las condiciones de horario, preparación y presentación de muestras y otros factores que hay que tener en cuenta para que el análisis sensorial sea válido.

Además, se aborda el control del panel de catadores y se detallan los tipos de jueces (experto, entrenado, semientrenado o laboratorio y consumidor), así como los factores a tener en cuenta en su selección y cómo se debe realizar el entrenamiento de jueces.

Por último, en el apartado de análisis de resultados se indican los métodos para evaluar los resultados de la evaluación sensorial, desde las técnicas basadas en el comportamieno humano y que miden los cambios en el organismo provocados por las emociones, con diferentes pruebas más o menos complejas, que incluyen la medida de cambios en las redes nueronales al consumir un alimento; hasta los análisis estadísticos de los resultados, desde los cálculos más sencillos hasta estudios multivariantes que permiten considerar las correlaciones y dependencias entre atributos, representando graficamente los resultados.

Capítulo 9. Pruebas sensoriales

En este último capítulo se abordan las pruebas sensoriales que se emplean con más frecuencia en el análisis sensorial. Es el tema más práctico para aprender cómo evaluar sensorialmente los alimentos. Se van a explicar y clasificar las diferentes pruebas sensoriales. Se seguirá el siguiente índice.

1. **Tipos de pruebas sensoriales**
2. **Pruebas discriminativas**
   2.1. **Pruebas discriminativas simples**
      2.1.1. **Prueba de comparación apareada simple**
      2.1.2. **Prueba apareada A-no A**
      2.1.3. **Prueba triangular**
      2.1.4. **Prueba dúo-trío**
      2.1.5. **Prueba dos-en-cinco**
   2.2. **Pruebas discriminativas complejas**
      2.2.1. **Prueba de comparaciones por parejas**
      2.2.2. **Prueba de diferencias con control**
   2.3. **Prueba de ordenamiento**
3. **Pruebas afectivas**
   3.1. **Prueba de preferencia**
   3.2. **Prueba del grado de satisfacción**
   3.3. **Prueba de aceptación**
4. **Pruebas descriptivas**
   4.1. **Calificación con escalas no estructuradas**
   4.2. **Calificación con escalas de intervalo**
   4.3. **Calificación con escalas estándar**
   4.4. **Calificación proporcional**
   4.5. **Pruebas de atributos sensoriales que varían con respecto al tiempo**
   4.6. **Determinación de perfiles sensoriales**
5. **Cata de un alimento**

1. Tipo de pruebas sensoriales

Las pruebas sensoriales se deben realizar, como se ha indicado en el capítulo anterior, en una zona de laboratorio preparada o una sala de cata y con unas condiciones determinadas. Se lleva a cabo en unas cabinas de cata que deben cumplir los requisitos explicados en el capítulo 8.

Existen dos tipos de calificaciones de pruebas sensoriales. Algunos autores las dividen en dos grupos, pruebas analíticas y pruebas de consumidores. Las analíticas pretenden medir, o describir, de forma objetiva, las propiedades sensoriales del alimento. Sin embargo, las pruebas dirigidas a consumidores sirven para conocer su opinión sobre los alimentos. Por último, existe otro tipo de prueba, la cata de un alimento, que consiste en su evaluación por parte de jueces entrenados o expertos, que miden las características sensoriales más importantes de cada alimento. La mayoría de los autores, sin embargo, dividen las pruebas en tres grupos: discriminativas, afectivas y descriptivas y cada uno engloba a diferentes ensayos sensoriales.

En realidad, se podrían agrupar en cinco bloques de pruebas, ya que existen unas pruebas básicas que se utilizan como entrenamiento de los jueces catadores; otro grupo de pruebas que engloban a los tres tipos mencionados, discriminativas, afectivas y descriptivas; y por último la cata o evaluación global de un alimento. Muchas se pueden consultar en diferentes normas dictadas por AENOR.

- **Pruebas básicas**. Son sencillas y ayudan a aprender a reconocer sabores básicos y olores primarios y habituales de los alimentos con disoluciones de compuestos conocidos según las normas ISO y a establecer escalas de dureza, así como conocer y definir sensaciones térmicas y somatosensoriales. Se utilizan para el entrenamiento de jueces (AENOR, 2010).

- **Pruebas discriminativas** o diferenciadoras. Sirven fundamentalmente para contrastar si hay diferencias entre dos muestras muy semejantes. Si son más de dos muestras, sirven para valorar la diferencia entre muestras o para ordenarlas en función de un atributo sensorial concreto (AENOR, 2008; 2017c; 2018).

- **Pruebas afectivas** o de consumidores. Sirven para recoger la opinión o actitud de los consumidores respecto de un alimento o bebida, es decir, que se puede averiguar si un producto tendrá o no aceptación comercial. Son las pruebas más subjetivas, puesto que se suelen preguntar cuestiones como "si te gusta", "cuánto te gusta" e incluso "si lo comprarías" (AENOR 2017b).

- **Pruebas descriptivas**. En estas pruebas existen el perfil cualitativo, que consiste en elegir los atributos más representativos del alimento para posteriormente realizar el perfil cuantitativo que cuantifica la intensidad o magnitud de las propiedades sensoriales del alimento. Pueden valorarse atributos muy variados, como aroma, flavor, textura, etc. A veces se hace la valoración, mediante escalas, de varios atributos; a este conjunto se denomina *perfil sensorial descriptivo*. En ocasiones es solo relativo a atributos de textura o de flavor, pero cada vez se utilizan más para valorar otros atributos variados, como atributos visuales, de color o auditivos como las burbujas (AENOR, 2010, 2017d).

- **Evaluación global de un alimento.** En realidad, cuando se realiza una valoración sensorial de los atributos más importantes de un producto se suelen realizar pruebas descriptivas, es decir, aplicar escalas para valorar la magnitud de las propiedades principales del alimento, y esto se refleja en una tabla, que se denomina "hoja de cata". También se pueden hacer pruebas descriptivas entre productos, incluso incluir una valoración global. En general, se suele realizar una cata en el orden en que se aprecian los atributos, empezando con los visuales como la apariencia, color, tamaño, aspecto, etc.; y luego el olor. A continuación, se aprecia la textura apreciada al coger y tocar el alimento, fase manual; después se valoran los atributos apreciados en boca, flavor, aroma y sabor, propiedades de textura además de las propiedades somatosensoriales, como el efecto picante, la astringencia y las sensaciones térmicas. Cuando ya el alimento o bebida no está en boca se evalúa si hay retrogusto y persistencia. Para finalizar se suele poner una valoración global.

Por tanto, existen muchas formas de realizar una prueba sensorial o cata de alimentos, pero solo algunas de ellas han llegado a tener importancia en el análisis sensorial. Para todas las pruebas se debe seguir siempre un orden y normas básicas, conocer el objetivo de la prueba, la naturaleza de los alimentos y, en algunos casos, se deben presentar productos de referencia o estándar. Además, el cuestionario se debe formular de forma correcta para que no pueda haber errores de interpretación.

2. Pruebas discriminativas

Las pruebas discriminativas son simples o complejas. Las discriminativas simples consisten en detectar si hay diferencia entre dos muestras similares. También se pueden hacer pruebas de similitud. Son parecidas, pero la hipótesis es diferente.

Si el organizador de la prueba conoce que hay diferencia entre muestras y la prueba es para comprobar que así lo detectan los jueces, se denomina prueba de diferencia unilateral, de respuesta forzada, porque solo se permite la contestación "son iguales o diferentes". Y para los resultados se comprobarán en una tabla de una cola el número de respuestas correctas, en función del número de jueces, generalmente con un nivel de significación al 5%. Si se utilizan para pruebas de similitud, la hipótesis es que el juez organizador no sabe, *a priori,* antes de la prueba, si hay diferencia entre muestras, entonces serán pruebas bilaterales, se necesita el doble de número de jueces y la tabla para comprobar el número de respuestas acertadas será de dos colas.

A continuación, se detalla el procedimiento para una prueba de diferencia entre dos muestras parecidas. Las preguntas son sencillas y directas de respuesta cerrada, tal como "¿hay diferencia entre las dos muestras?", y se debe elegir entre "sí", "no" o "no sabe/no contesta". Se necesitan un gran número de catadores o jueces –mínimo diez, máximo de treinta– y los jueces deben ser semientrenados, con la excepción de si se hacen pruebas de ordenación por preferencia, que serían consumidores. Se aplica a productos tantos frescos como procesados. Se utiliza para estudios de preferencia, defectos, para saber cómo afecta al alimento el uso de nuevos ingredientes, si hay o no diferencias significativas... Para ello, después de recoger los resultados, habrá que aplicar estadísticas para ver si hay diferencias significativas. Existen ya unas tablas, para este tipo de pruebas, donde se refleja el número mínimo de respuestas acertadas en función del número de catadores o jueces y la significación o nivel de probabilidad que se quiere aplicar. Suele hacerse al 5%.

2.1. Pruebas discriminativas simples

Existen varias pruebas discriminativas sencillas: apareada simple, pareada A-no A, triangular, dúo-trío y dos-en-cinco; que se describen a continuación.

2.1.1. Prueba apareada simple

Es una prueba muy sencilla, de respuesta cerrada y el juez no requiere muchas instrucciones ni hay riesgo de fatiga. Se prueban dos muestras muy parecidas y se pide que el juez las compare en cuanto a alguna característica sensorial, dulzor, olor, grado de crujido, dureza, etc. También se puede hacer sin concretar ninguna propiedad, simplemente si son o no diferentes, pudiendo preguntar la razón de esa diferencia.

El fundamento es detectar si las muestras son o no iguales en cuanto al atributo considerado, de modo que se presentan las dos muestras, en orden aleatorio, con la misma cantidad y presentación. Se necesitan al menos diez jueces como mínimo y veinte como máximo. El juez las prueba y debe indicar con una letra X si son diferentes, con un símbolo de igual (=) si son iguales o con el símbolo de interrogación (?) si no sabe la respuesta. Por ejemplo, se dan a probar dos magdalenas de diferentes marcas, presentadas en cuadrados de 1,25 cm por 1,25 cm. La presentación en la sala de cata se hará en platos o vasos, indicando cuales son las muestras, con "muestra 1" y "muestra 2", presentándolas en todos los órdenes posibles; es decir, si las muestras son dos diferentes marcas comerciales A y B, se colocarán en diferentes órdenes en cada cabina. Las posibles colocaciones serán: AB, BA, AA y BB. Se puede hacer, por ejemplo, con dos marcas comerciales diferentes de magdalenas.

Se cuentan los aciertos y se comprueba en la tabla de estadística, en pruebas de "una cola", por ser solo dos muestras, en función del número de jueces, si hay suficientes aciertos en el resultado del panel para que haya diferencias significativas entre ambas muestras. La probabilidad de acertar por casualidad es elevada, de un 50%.

Se puede aplicar para diferentes productos además de bollería: para zumos, bebidas, café, té, quesos, mantequilla, batidos, chocolate, etc.

2.1.2. Prueba apareada A-no A

Esta prueba es similar a la anterior, solo que se prueba y memoriza una característica concreta de una muestra y se considera la muestra *referencia*; a continuación, se cata la segunda muestra que puede ser igual o diferente a la referencia. Se señala la que se perciba como igual a la referencia. Se trata de un ensayo de reconocimiento utilizado para determinar si los jueces identifican la percepción que acaban de tener en la siguiente muestra, si es algo conocido o es nuevo. La forma en que se realiza es que el juez pruebe una muestra, se retire y luego otra, que puede ser la misma o no; deberán recordar la sensación percibida, si es la misma o no.

Por ejemplo, se prueban galletas de chocolate de dos marcas y se comprueba la intensidad del sabor a chocolate. De igual forma que en la apareada simple, se comprobará el número de aciertos que sea suficiente, según el número de catadores, para comprobar si hay diferencias significativas.

Hay que señalar que en las dos pruebas el acierto por azar es muy elevado, del 50%, las pueden realizar jueces semientrenados y debe haber un número mínimo de jueces de diez, aunque sería mejor llegar a treinta.

2.1.3. Prueba triangular

En esta prueba de diferenciación se presentan tres muestras codificadas simultáneamente al juez, dos son iguales y una tercera será diferente. Se probarán en todos los órdenes posibles. Esta prueba se realiza con dos muestras diferentes pero semejantes, A y B, pero el juez va a catar tres muestras, siempre habrá dos muestras repetidas y una diferente. Se presentan como "muestra 1", "muestra 2" y "muestra 3", con todos los órdenes aleatorios posibles, es decir, ABA, ABB, BAA, BAB, AAB y BBA.

La pregunta que se hace es "¿cuál de las tres muestras es diferente?". Se contarán los aciertos y se comprobará, en función del número de jueces, en la tabla de significancia para pruebas de dos muestras, al 5% de nivel de significación, el número de aciertos necesarios para que sean diferentes estadísticamente.

Se puede aplicar para comprobar diferentes lotes de producción y para cualquier alimento: por ejemplo, en dos patés de cerdo o de salmón, de diferente categoría o de distinta marca comercial.

La probabilidad de acierto por el azar disminuye, a un 33,33%, respecto a las anteriores pruebas y se necesita un número menor de jueces entrenados, entre unos seis a siete es suficiente, aunque siempre es mejor que sean diez.

2.1.4. Prueba dúo-trío

Esta prueba es semejante a la anterior, es decir, solo hay dos tipos de muestras parecidas pero diferentes, A y B, y se prueban tres muestras. En este caso se presentan de forma diferente que en la triangular; serán "muestra 1", "muestra 2" y otra que se denomina referencia **R** o control **C**. En esta prueba siempre una de las dos muestras, A o B, es igual a la **R** o **C** y la otra diferente. Es una prueba de respuesta forzada porque el juez que organiza conoce la naturaleza de la diferencia. Es decir, no se permite la respuesta que ninguna es igual al control o que las dos son iguales al control. No se permite recata. Siempre se prueba primero la referencia **R** y a continuación muestra 1 y muestra 2. Se presentarán las dos, muestras 1 y muestra 2, para que unas cabinas prueben primero la muestra A y luego en otros casos para que prueben primero la muestra B. El objetivo es indicar qué muestra es igual a la referencia o control. Para ello, la pregunta que se realiza es "¿cuál de las muestras es idéntica a la referencia o control?". Se contarán los aciertos y se comprobará en la tabla de significancia, al 5%, como en las pruebas ya detalladas anteriormente, para comprobar si existen diferencias significativas entre ambas muestras. El acierto por azar es, como en la prueba apareada simple, de un 50% (Briz y García, 2004).

Esta prueba se aplica como herramienta en control de calidad, para ello se utilizan jueces entrenados y con referencias conocidas por ellos. Se aplican a bebidas y a cualquier alimento: chocolate, vino, carne, queso, etc. Por ejemplo, se puede hacer con dos marcas diferentes de cerveza A y B, o de la misma marca, pero diferente categoría. Se prueban detectando la diferencia principalmente de un solo atributo, en este caso el amargor de la cerveza.

2.1.5. Prueba de dos-en-cinco

El objetivo de esta prueba es comprobar si hay diferencias entre dos muestras, como en el resto de las pruebas discriminativas simples que hemos visto. Pero en este caso, al juez se le presentan cinco muestras codificadas para que cate. De las cinco habrá tres que son iguales y dos que sean iguales. El catador deberá identificar los dos grupos de muestras que son iguales, dos muestras en un grupo y tres muestras en el otro. Con este tipo de prueba se evitan los aciertos al azar. El número de jueces necesarios será de quince, pero es una prueba más difícil, se requieren jueces entrenados y se cansa al panel al tener que probar cinco muestras. Este tipo de pruebas se puede aplicar, por ejemplo, a dos marcas diferentes de crema de chocolate, con un aspecto y composición parecida.

Es muy importante la presentación de las muestras lo más homogénea posible y se deben probar en todos los órdenes posibles, como se indica en la tabla 5.

Tabla 5. Presentación de las muestras en orden aleatorio.

Orden	Muestra 1	Muestra 2	Muestra 3	Muestra 4	Muestra 5
1	A	A	A	B	B
2	A	A	B	B	A
3	A	B	A	A	B
4	A	A	B	A	B
5	B	A	A	A	B
6	A	B	A	B	A
7	A	B	B	A	A
8	B	A	A	B	A
9	B	A	B	A	A
10	A	B	A	B	B
11	B	A	A	B	B
12	B	B	B	A	A
13	B	A	B	A	B
14	B	B	A	A	B
15	A	B	B	B	A
16	B	A	B	B	A
17	B	B	A	B	A
18	A	B	B	A	B
19	B	B	A	A	A
20	A	A	B	B	B

2.2. Pruebas discriminativas complejas

Estas pruebas tienen como objetivo valorar la variación de un atributo sensorial y se realizan siempre con más de dos muestras. Entre ellas se encuentran:

2.2.1. *Pruebas de comparación por parejas*

El objetivo es medir la diferencia sensorial perceptible o una similitud entre las muestras de dos productos en lo que se refiere a la intensidad de un atributo.

Si el juez organizador conoce que son diferentes, entonces se llama unilateral. Es una prueba de juicio forzado entre dos alternativas. Se propone una prueba de solo dos muestras que sean relativamente homogéneas. Si el juez *a priori* no sabe la diferencia entre muestras, se llama bilateral y se necesitan más jueces. Es una prueba efectiva para determinar la diferencia, pero también puede usarse si no existe diferencia: entonces se llama prueba de similitud por parejas.

Sirven para comprobar las diferencias si hay variación de ingredientes en el procesado, en el envasado o almacenamiento. También puede usarse para el entrenamiento de jueces.

En este tipo de prueba se comparan las muestras por parejas, pero no es suficiente con detectar si son diferentes o no las muestras, sino cuál es esta diferencia; se analiza la magnitud de las diferencias entre ellas.

Los jueces, que deben ser similares en cuanto a entrenamiento, reciben dos muestras, iguales en cantidad y aspecto, codificadas con tres dígitos al azar. A ser posible, cada juez con códigos diferentes prueba las dos muestras de izquierda a derecha y elige la que les parece más intensa en cuanto al atributo considerado. Por ejemplo, con dos marcas diferentes de galletas, se determina cuál es más crujiente y la intensidad de esa diferencia. La prueba puede repetirse con otras dos parejas de muestras en otro orden. Posteriormente, como se lleva a cabo un análisis de varianza, se deben asignar valores numéricos a los términos descriptivos del cuestionario sobre el grado de diferencia entre las dos muestras.

En la tabla 6 se reflejan los valores con las diferencias de intensidad.

Tabla 6. Valores numéricos asignados a las diferencias de muestras.

Valor numérico	Grado de diferencia	Intensidad del atributo
+3	Hay muchísima diferencia	
+2	Hay mucha diferencia	
+1	Hay poca diferencia	**Mayor**
0	No hay diferencia	
-1	Hay poca diferencia	**Menor**
-2	Hay mucha diferencia	
-3	Hay muchísima diferencia	

Los valores son relativos y la suma debería dar cero.

2.2.2. Pruebas de diferencias con control

Es similar a la anterior, pero se comparan con una muestra de referencia. El objetivo es determinar cómo varía un atributo sensorial en un número determinado de muestras, habitualmente de tres a seis. Si se analizan muchas muestras se suele realizar este tipo de pruebas. Consiste en la comparación simultánea de varios productos, por ejemplo, con galletas con chocolate, respecto a un atributo, sabor a chocolate, respecto a una muestra de referencia o estándar.

Se asigna valores numéricos a esta diferencia:

- Si no se encuentran diferencias se le asigna un cinco.

- Si hay diferencia se le asigna un valor, entre seis y nueve, si es mayor la intensidad del atributo; y entre uno y cuatro, si es menor.

- Si se asigna un seis es que la diferencia es ligera, siete si es moderada, ocho si es mucha diferencia y nueve muchísima diferencia.

- Se asignará igualmente un cuatro si es menor la intensidad con una diferencia ligera, tres con diferencia moderada, dos con mucha diferencia y uno con muchísima diferencia.

Los resultados se analizarán mediante un análisis de varianza para poder determinar si la diferencia entre muestras es debida a las muestras, a los jueces o al azar. También se podría evaluar por el test de Tukey. En este grupo, muchos autores incluyen además las pruebas de ordenamiento.

2.3. Prueba de ordenamiento

Las muestras vuelven a ser muy homogéneas, como en el grupo anterior de pruebas discriminativas, las preguntas deben ser directas y hacer referencia a un solo atributo del alimento y se necesitan al menos diez jueces no entrenados.

Estas pruebas están diseñadas para hacer menos evaluaciones, pero como en todas para llegar a conclusiones aceptables. Para el desarrollo de esta prueba, se les presentan a los jueces tres o más muestras, hasta seis, que difieren en una propiedad –por ejemplo, sabor amargo, sabor dulce, sabor ácido, etc.– y se pide que se ordenen secuencialmente las muestras en orden decreciente, es lo más habitual, o creciente de intensidad de la propiedad evaluada. Este tipo de pruebas se podría aplicar a diferentes zumos comerciales de piña, por ejemplo, y valorar ordenando de menor a mayor o bien la intensidad del sabor dulce o bien el ácido de cuatro marcas comerciales diferentes. Se podría diseñar también como una afectiva y que ordenaran el orden de preferencia. También puede ser una prueba de entrenamientos de jueces siempre que se conozca la respuesta correcta.

Es sencilla de diseñar, pero complicado llegar a un resultado correcto. Consiste en valorar una característica importante de un producto y comparar varias marcas, de forma que se ordena de menor a mayor asignando un número, generalmente del uno al cuatro o del uno al siete, según el número de muestras. Por ejemplo, a cada zumo se le asigna un valor entre el uno y el cuatro, siendo el uno el menos dulce o ácido y el cuatro el que presenta la mayor intensidad. La interpretación de los resultados es compleja y se tendría que aplicar un análisis como el test de Friedman, o bien utilizar una tabla total de rangos para ver si realmente hay diferencias significativas entre las muestras valoradas.

Es una prueba que se aplica mucho en la industria alimentaria por su sencillez y rapidez, aunque su interpretación sea más laboriosa que en las discriminativas sencillas.

3. Pruebas Afectivas

Este tipo de pruebas son aquellas en las cuales el juez, después de catar, expresa su reacción subjetiva ante el producto, indicando si le gusta o le disgusta, si lo acepta o lo rechaza. Se conocen también como pruebas hedónicas o de consumidor.

Los resultados obtenidos son más difíciles de interpretar porque dependen del gusto del consumidor. Además, para estas pruebas es necesario un mínimo de jueces no entrenados, que deben ser consumidores habituales o potenciales del tipo de alimento que van a probar, para que den una idea lo más real posible de lo que puede ocurrir en el mercado. Los participantes no deben conocerse para no influirse entre ellos y la duración no debe ser muy larga para no cansar a los consumidores que no están entrenados para realizar pruebas sensoriales.

Las pruebas afectivas se pueden clasificar en tres grupos: preferencia, grado de satisfacción y aceptación. Algunos autores incluyen en el mismo tipo las de grado de satisfacción y de aceptación.

3.1. Prueba de preferencia

En estas pruebas se pueden hacer con dos muestras, *prueba de preferencia de dos productos* –se presentan a los jueces dos muestras codificadas, es similar a la apareada simple– o *prueba de preferencia de más dos productos*, en la cual se presentan varias muestras codificadas con tres dígitos aleatorios y tienen que ordenarlas en función de su preferencia.

En este tipo de pruebas el objetivo es diferente al grupo anterior de discriminativas. En este caso no se quieren conocer si hay diferencias o similitud entre muestras, sino conocer si un catador prefiere una muestra frente a otra(s). Estas pruebas son muy interesantes si se quiere sacar nuevos productos a la venta, para conocer si prefieren esa muestra respecto al producto anterior o frente a otra marca, por ejemplo, de la competencia o marca líder. Así, entre dos muestras la pregunta sería "¿qué muestra prefiere?" o "¿qué muestra le gusta más?". Se pueden hacer en limonadas elaboradas de dos formas diferentes, una con zumo de limón exprimido y otra utilizando una licuadora para extraer el líquido de los limones pelados, para conocer el gusto del consumidor.

El orden de prueba debe ser aleatorio, un grupo bebe una muestra primero y otro grupo la otra muestra, así no influye el orden en que se pruebe. Se necesitan muchos jueces, alrededor de sesenta a cien. Al finalizar la prueba se cuentan las respuestas coincidentes y se comprueba si hay diferencias significativas sobre la preferencia de una muestra sobre la otra, generalmente con una significación del 5%. Si se lleva a cabo con más de dos muestras, el análisis de datos se realiza mediante la prueba no paramétrico de Fridman (Cordero-Bueso, 2007).

3.2. Prueba del grado de satisfacción

Con esta prueba se mide el grado de satisfacción, es decir, no solo si les gusta o disgusta, sino cuánto. Cuando se evalúan varias muestras se recurre a estas pruebas de medición del grado de satisfacción para intentar manejar lo más objetivamente posible datos tan subjetivos como son las respuestas de los jueces acerca de cuánto les gusta o les disgusta un producto. En estas pruebas se le presentan a los jueces varias muestras, siempre más de dos, tres como mínimo, y el catador tienen que valorar el grado de satisfacción mediante alguna escala que puede ser verbal, de varios puntos (entre tres y nueve puntos) (tablas 7 y 8) o gráfica.

Tabla 7. Escala verbal de grado de satisfacción o escala hedónica de 3 puntos.

Escala	Valor numérico
Me gusta	+1
Ni me gusta, ni me disgusta	0
Me disgusta	-1

Tabla 8. Escala verbal de grado de satisfacción o escala hedónica de nueve puntos.

Escala	Valor
Me gusta muchísimo	+4
Me gusta mucho	+3
Me gusta bastante	+2
Me gusta ligeramente	+1
Ni me gusta, ni me disgusta	0
Me disgusta ligeramente	-1
Me disgusta bastante	-2
Me disgusta mucho	-3
Me disgusta muchísimo	-4

La forma gráfica puede ser mediante el uso de fotografías o con las denominadas "caritas", como se refleja en la figura 65. Estas fueron diseñadas para conocer la opinión de los niños, son emoticonos de caras reflejando diversos niveles de disgusto o alegría o satisfacción, de forma que una vez se prueba el producto simplemente señala la que representa la sensación percibida al probar el alimento. Estas se utilizaban hace ya muchos años para pruebas que fueran lo más sencillas posible. Actualmente con el uso de las redes sociales se hacen aún más evidentes las sensaciones que quieren trasmitir. En este caso, por ejemplo, se puede hacer la prueba con limonadas de diferente nivel de azúcar: más dulce, una cantidad media de azúcar, y menos dulce. Simplemente tendrán que poner el código de cada una de ellas sobre la "carita" que represente lo que siente al probarla.

Figura 65. Escala gráfica de "caritas" de nueve puntos.

3.3. Pruebas de aceptación

Este tipo de pruebas hedónicas se utilizan no solo para saber si les gusta, sino además para conocer la opinión comercial sobre un producto. El objetivo es comprobar si es competitivo, si se acepta por el consumidor e implica su compra. No solo debe ser un producto que produzca una impresión agradable sensorialmente, sino que influirá la cultura, la economía y los hábitos del consumidor. Por eso, cuando se quiere introducir un nuevo alimento se suelen hacer pruebas hedónicas incluyendo las pruebas de aceptación. En este caso se debe preguntar al potencial consumidor si estaría dispuesto a comprar ese producto.

No obstante, hay autores que mantienen que solo hay dos tipos de pruebas afectivas: las de preferencia, de dos o de más muestras, y las pruebas de aceptación (Cordero-Bueso, 2017), en las que incluyen tanto las pruebas de grado de aceptación, con las escalas verbales o de "caritas", y las denominadas de aceptación que se explican en este apartado y que tienen en cuenta la potencial adquisición del producto.

Cuando se evalúan varias muestras a la vez se obtiene la información de la apreciación sensorial, sobre el producto, que tienen los consumidores, pero en este caso también se plantean otras cuestiones destinadas a conocer si las personas desearían o no adquirir el producto. Esta es la diferencia con las pruebas anteriores de grado de satisfacción, pero estas deben ir acompañadas de una de las otras dos pruebas afectivas para obtener una visión más general de la opinión subjetiva del consumidor frente al producto.

4. PRUEBAS DESCRIPTIVAS

Este tipo de pruebas tienen como objetivo identificar la naturaleza de las diferencias entre productos. Se trata de identificar las propiedades más importantes del producto, descriptores de atributos, y medirlas de la forma más objetiva posible, cuantificando su intensidad o magnitud en función de la percepción a través de los sentidos. Para ello, se utilizan diferentes tipos de escalas que sirven para clasificar este tipo de pruebas. En estas pruebas no son importantes las preferencias o aversiones que tenga el juez, tampoco si hay diferencias entre muestras y si son detectadas por el panel de cata, aquí solo hay que apreciar la magnitud de los atributos del alimento. Además, a veces también se señala el orden de aparición de los atributos, es decir, que se utiliza el factor tiempo. Sirven para apreciar la intensidad del flavor, del aroma, de la textura en alimentos y bebidas.

Estas pruebas proporcionan mucha más información acerca del producto que las otras pruebas, pero son más difíciles de realizar y se requieren jueces entrenados. Asimismo, la interpretación de resultados es más laboriosa que en otro tipo de pruebas, se suelen necesitar análisis de varianza y comparaciones múltiples. Son las pruebas más utilizadas en los últimos años para el análisis sensorial de alimentos porque son pruebas fiables y más objetivas. Se usan para desarrollar productos nuevos, para optimizar procesos, para evaluar productos y ver la evaluación respecto a la competencia, ya que en ocasiones se tienen una referencia y se compara con ella.

Los diferentes tipos de pruebas descriptivas son: calificación con escalas no estructuradas, calificación con escalas de intervalo, calificación con escalas estándar, calificación proporcional, medición de atributos sensoriales con respecto al tiempo y determinación de perfiles sensoriales (AENOR, 2010).

4.1. Calificación con escalas no estructuradas

Es la más sencilla porque el juez debe señalar con una cruz X su impresión sensorial sobre una línea recta donde solo está marcado un mínimo y un máximo en el inicio y final de la línea recta. No se describen los puntos intermedios, por eso es más subjetiva. La longitud de la línea debe estar entre 12 y 15 cm. Una vez que se tengan los resultados se mide la longitud donde está el valor (en centímetros), se calcula respecto a la longitud total de la línea y se multiplica por 10:

X (cm)x10/ L total(cm), de esta forma las cifras son más manejables.

Por ejemplo, para valorar el dulzor de tres refrescos, con edulcorantes diferentes, se presentan tres vasos codificados y se señalan el dulzor para cada una de las bebidas. De esta forma el juez catador podrá elegir la intensidad del dulzor sin escalas numéricas. Es una prueba más sencilla de ejecutar, pero para valorar bien los resultados se debe expresar sobre una escala de diez, como se ha indicado, y posteriormente realizar la estadística para comprobar las diferencias estadísticas.

4.2. Calificación con escalas de intervalo

En este caso, se utilizan escalas numéricas y se define, de forma clara, cada punto. De esta forma el juez interpreta la intensidad en función de la descripción de cada punto intermedio. Suele ser habitual el uso de escalas de tres a nueve puntos intermedios. Se usan mucho para describir la magnitud de muchos atributos de cualquier propiedad de color, de sabor, de textura, de olor, etc. Una vez realizada la prueba, se hace la media del resultado, que es menos subjetiva que la prueba anterior, ya que los puntos intermedios no son dejados a la valoración del juez, sino que están perfectamente descritos. Tienen la desventaja de que a veces no son proporcionales las descripciones con los números; por ejemplo, la intensidad del punto 8 no es que sea cuatro veces la descrita en el punto 2. No obstante, si se detalla la descripción de la escala, es muy útil y proporciona buena información.

A continuación, se reflejan diversas escalas de intervalo de diferentes puntos, de 4, 6 y 9 (tablas 9, 10 y 11), que se pueden aplicar a cualquier atributo de textura (esponjosidad, dureza, etc.), de sabor, de olor, etc.

Tabla 9. Escala descriptiva de cuatro puntos.

1	Ligeramente	esponjoso
2	Moderadamente	esponjoso
3	Bastante	esponjoso
4	Muy	esponjoso

Tabla 10. Escala descriptiva de seis puntos.

1	Ligeramente	duro
2	Poco	duro
3	Moderadamente	duro
4	Bastante	duro
5	Muy	duro
6	Extremadamente	duro

Tabla 11. Escala descriptiva de nueve puntos.

1	Sumamente	blando
2	Muy	blando
3	Ligeramente	firme
4	Moderadamente	firme
5	Muy	firme
6	Moderadamente	duro
7	Bastante	duro
8	Muy	duro
9	Sumamente	duro

Con estas escalas se puede describir muchos atributos, además de propiedades de textura como esponjosidad, dureza, masticabilidad u otros atributos de apariencia como el color. Se requiere entrenamiento, aunque la prueba sea sencilla.

4.3. Calificación con escalas estándar

Se usan escalas de intervalo, pero en vez de escalas numéricas con una descripción, cada punto es un alimento que servirá para comparar la intensidad de ese atributo medido. Se utiliza mucho para las características de textura, como la dureza, pero también a veces en sabor y olor.

El objetivo es determinar a qué alimento estándar de la escala corresponde la percepción del atributo de la muestra. Se compara la muestra con la escala de alimentos, que está numerada. Primero se prueba la escala de alimentos y luego la muestra. Se deben colocar en un plato giratorio y numerado. Se puede hacer con jueces no muy entrenados, ya que es comparar un alimento con otro.

Así se pueden valorar atributos de textura (dureza, masticabilidad, harinosidad, jugosidad, viscosidad, etc.) para productos diversos: pan, frutas, verduras, dulces...

Se suele utilizar para la dureza de los alimentos cuando estos son muy variados, no con muestras semejantes. La escala de dureza en España está reglamentada, tiene nueve puntos y es una prueba relativamente sencilla para ser descriptiva porque se compara la dureza del alimento de la escala con el alimento que se esté valorando.

4.4. Calificación proporcional

En este tipo de pruebas sí hay una relación entre los diversos puntos de la escala, ya que se califica respecto a un estándar. Por tanto, la intensidad o magnitud de la percepción del catador es proporcional a la del estándar establecido. Además, se correlaciona mejor con las medidas físicas.

Son pruebas muy laboriosas y deben hacerse con jueces entrenados. El estándar debe tener un valor: en principio debe tener una intensidad conocida, o bien porque se sabe o porque los jueces lo han asignado previamente, y a las muestras que se comparan se les asignará un valor múltiplo del estándar. La calificación se suele hacer sobre múltiplos de uno, diez o cien que será el valor asignado al estándar.

Un ejemplo claro de la utilización de este tipo de calificación es el poder edulcorante de las sustancias que proporcionan sabor dulce. La referencia en este caso es la sacarosa, a la que se le asigna un valor de 1 o de 100 según los diferentes autores. El poder edulcorante es un valor relativo que mide la capacidad de una sustancia que provoca sabor dulce respecto al dulzor de una disolución de sacarosa de 30 gramos disueltos en un litro de agua, y se expresa como porcentaje de peso en volumen (3% p/v) a 20 °C. En algunos textos proponen hacerlo con disoluciones de sacarosa al 10% (p/v).

Las calificaciones se dividen por el valor asignado al estándar y se multiplican por 10 o por 100. Los resultados se interpretan reflejándose en una gráfica de escala semilogarítmica, de tal forma que la media geométrica sea igual a uno.

4.5. Pruebas de atributos sensoriales que varían con respecto al tiempo

La percepción de ciertos atributos sensoriales en ocasiones depende del tiempo para que se aprecie, como la de los sabores, olores y aromas: esto es la percepción retardada. Otros atributos permanecen en el tiempo antes de desaparecer, tienen lo que se llama persistencia, y otros cambian con el tiempo. A veces hay que medir los atributos respecto al tiempo, como, por ejemplo, algunos atributos de textura o de sabor y olor.

Por ejemplo, algunos edulcorantes sintéticos acalóricos pueden dejar un retrogusto de amargor en la boca, por lo que suelen valorar no solo la intensidad de su dulzor, sino la aparición de sabor amargo al trascurrir un tiempo con el fin de minimizar sensaciones desagradables.

En ocasiones se utilizan instrumentos para medir algunas de las intensidades descritas y mencionadas, como *Sensory Measurement Unit of Recording Flux* (SMURF) para medir el máximo y mínimo de la intensidad de la propiedad y se mide de nuevo al cabo de un tiempo (Birch y Munton, 1981). También encontramos la medición respecto del tiempo de propiedades de textura como la dureza hasta romperse la piel de un fruto en un penetrómetro o en un Instrom, donde se registrará la presión necesaria por unidad de superficie durante el tiempo hasta romperse.

4.6. Determinación de perfiles sensoriales

Existen dos tipos de perfiles sensoriales descriptivos, cualitativo y cuantitativo. El primero consiste en elegir los atributos que mejor definen a un alimento o producto entre los jueces que lo evalúan, en este caso el líder es el que organiza el panel, no se necesita que sean jueces muy entrenados ni en un número elevado.

Por ejemplo, para elegir entre todos las características sensoriales que mejor definen una galleta con sabor a canela, cada juez anota por ejemplo un máximo de cinco atributos y luego entre todos se discute cuáles son los más representativos. Esto se llama también panel de consenso. Además, se pueden discutir los adjetivos, niveles de cada atributo, que se deben utilizar si se quiere homogeneizar esta información de forma más ordenada.

Por otra parte, está el otro grupo de pruebas descriptivas cuantitativas, en las cuales se valora la magnitud de varios atributos sensoriales. Al principio se hizo para atributos de textura y flavor (sabor, olor, aroma), pero actualmente se ha extendido a cualquier tipo de característica organoléptica de un producto. Puede ser también de sensaciones residuales, cinestésicas, incluso en muchas ocasiones se incluye una valoración global o una afectiva para completar el perfil sensorial.

La utilización de las pruebas descriptivas es cada vez más extensiva. El método más utilizado es el denominado "perfil sensorial cuantitativo", en el cual se refleja gráficamente una serie de atributos en escalas estructuradas o numeradas, y el número de atributos pueden ser variables en función del alimento o bebida y el objetivo del análisis. Habitualmente se determina la intensidad de atributos de flavor, olor, textura y sensaciones somatosensoriales, y también a veces se añade una escala hedónica de satisfacción afectiva.

Inicialmente el perfil sensorial se utilizaba para valorar propiedades que no pueden ser descritas con un solo atributo, sino como la combinación de varios.

Para realizar correctamente esta prueba, es necesario hacer previamente el perfil cualitativo mencionado anteriormente para valorar los atributos más importantes y característicos del alimento y que así se obtenga una descripción lo más precisa posible.

El resultado de un perfil sensorial permite la descripción de varios atributos, mediante escalas estructuradas, representándose de forma gráfica; así se obtiene una calificación global, cualitativa y cuantitativa de los principales atributos que definen el producto. A veces se lleva a cabo respecto a un estándar, un producto líder o un producto de categoría diferente, por ejemplo superior, de la misma marca comercial.

El perfil sensorial, por tanto, se podría decir que es una prueba descriptiva, y de hecho en algunos textos lo denominan como perfil descriptivo; sin embargo actualmente se incluyen también valoraciones hedónicas o afectivas, o una calificación de la valoración global; por tanto, es más correcto decir perfil sensorial. Algunos autores también se refieren a los perfiles según el tipo de propiedades que se evalúen como perfil de flavor o perfil de textura. El número de atributos que suelen valorar pueden ser muy variable, entre tres a ocho, pudiendo ser superior, en función del producto y del objetivo que se persiga, el más habitual, además de flavor y textura, es el color.

Las escalas estructuradas más utilizadas son las de varios intervalos numéricos, de 0 a 5 o de 0 a 10, intentando no utilizar los valores mínimos ni máximos. A veces se utilizan escalas no estructuradas. La representacion gráfica puede ser de varios ejes, uno por cada atributo que se valore, que se inician en el cero. Posteriormente se unen los puntos señalados en cada escala, formando una figura, que da una idea global de los productos que se comparan: por ejemplo con dos salsas de tomate, valorando su sabor dulce, sabor a tomate, sabor ácido y salado, así como la sensación de picante (figura 66).

También se usan escalas que van de cero, +1, +2, +3 y -1, -2 y -3. Si se está haciendo una valoración respecto a una referencia o estándar, con la cual se quiere comparar, a esa muestra estándar se le da un valor de cero a todos sus propiedades, por ejemplo con dos marcas de yogures de fresa, "cuyos atributos se comparan (sabor dulce, sabor a leche, sabor a fresa, color rosa y cremosidad) respecto a esa referencia con valores cero (figura 67).

Se utiliza para productos de todo tipo: frescos, como frutas y verduras; especias; o productos elaborados como chocolate, bebidas, batidos, quesos, productos cárnicos, etc. Últimamente además se usan en la estimación sensorial de nuevos alimentos para estudiar su calidad sensorial.

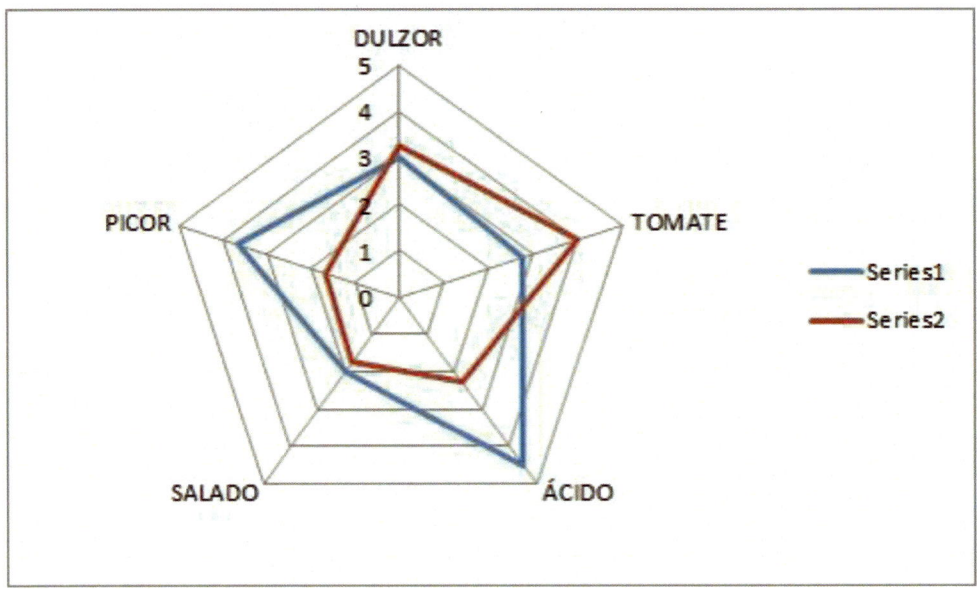

Figura 66. Perfil sensorial de dos salsas de tomate (serie 1 y serie 2, de dos marcas diferentes).

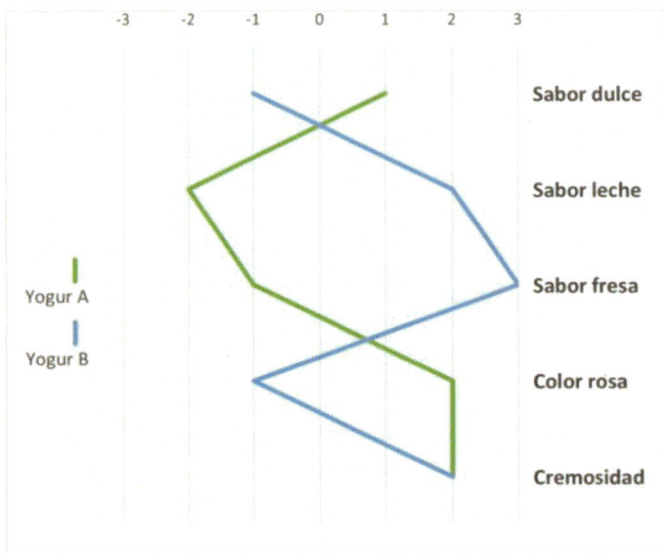

Figura 67. Perfil sensorial de dos yogures de fresa A y B respecto a una referencia.

5. CATA DE UN ALIMENTO

La cata de un alimento es un conjunto de pruebas sensoriales que se realizan para evaluar los atributos más importantes de un alimento. En ocasiones ya existe un formato, en el cual se incluyen las propiedades más características del producto y su escala de calificación.

En las prácticas de la asignatura Análisis sensorial de alimentos, se hacen diversas catas de frutas y derivados, hortalizas, frutos secos, derivados lácteos, productos cárnicos, bebidas no alcohólicas, vino, cerveza y otros. Los resultados se reflejan en hojas de evaluación en los que se indican la intensidad de cada atributo y en el orden en que se van apreciando los atributos.

Para medir la magnitud de sus atributos se utilizan escalas estructuradas y se incluye una valoración global del producto. Para ello se suelen utilizar "Hojas de cata", donde se resumen las calificaciones de los atributos.

Por ejemplo, en la cata de cerveza el proceso sensorial se hace indicando la intensidad de sus atributos, según se vayan apreciando.

En la *fase visual* se valora la intensidad de los atributos de apariencia: transparencia, color y consistencia de la espuma.

En la *fase olfativa* se valora la intensidad de su olor y de los aromas presentes: aroma a lúpulo, a malta, a hierba, a alcohol, a fruta, a pan...

En la *fase en boca* se evalúa el sabor (ácido, amargo, dulce...) y su intensidad, así como la astringencia.

Por último, habría que evaluar la persistencia y retrogusto amargo.

Si por el contrario fuese un alimento sólido, por ejemplo un producto cárnico, las etapas pueden ser ligeramente diferentes.

En la *fase visual* se valora la intensidad de los atributos de apariencia, como el color, intensidad y uniformidad. En el caso del jamón cocido habría que identificar los músculos para comprobar que no es "fiambre", sino la pieza del jamón; también se evalúa la presencia de salmuera y la cohesión de la loncha.

A la vez prácticamente, será apreciada en la *fase olfativa* la intensidad de su olor, que deberá ser el típico del producto.

En la *fase bucal* se evalúa el flavor (sabor dulce, salado, lácteo y amargo) y su intensidad, así como otros sabores menos habituales o percepciones como el sabor umami, sabor ahumado, sabor metálico o desagradables como a rancio.

En esta fase se aprecian las propiedades de textura como jugosidad, fibrosidad, gomosidad, desmenuzabilidad y dureza.

Por último, habría que evaluar la persistencia y retrogusto.

RESUMEN

Este capítulo aborda todos los tipos de pruebas sensoriales que se pueden aplicar para realizar el análisis sensorial de los alimentos. Existen muchos tipos de pruebas, desde las denominadas básicas, que se utilizan para el entrenamiento de los jueces catadores, hasta las más complejas, como son las catas de alimento y perfiles sensoriales. Las pruebas afectivas son las más sencillas y las que puede llevar a cabo cualquier persona sin conocimiento de la materia, las discriminativas sencillas se utilizan para conocer si existen diferencias entre dos muestras semejantes y las pueden realizar los jueces semientrenados; las últimas, que son las descriptivas, son las más difíciles de ejecutar y de elaborar los resultados mediante estadística más compleja, entre ellas estaría el perfil descriptivo y la cata de alimentos y se utilizan escalas para valorar la intensidad o magnitud de los atributos de un producto. Se necesitan jueces entrenados o expertos para realizar estas últimas pruebas.

Capítulo 10. Tendencias y futuro del análisis sensorial

Sara Giráldez Prieto

En este capítulo se aborda la importancia del análisis sensorial en el diseño de un nuevo alimento. Se indicarán los estudios más relevantes y las pruebas que se utilizan con más frecuencia en investigación. Se comparan los diferentes perfiles descriptivos que se suelen usar, en artículos científicos, para conocer y mejorar las propiedades del producto. Además, se pone en relieve la importancia de la evaluación sensorial para conocer la demanda de los consumidores, cada vez más exigentes, en el diseño de nuevos productos. De esta forma se podrá garantizar un buen funcionamiento en el mercado, dado que existen muchos nuevos alimentos que no funcionan bien y tienen que retirarse al no triunfar entre los posibles compradores. Se seguirá el siguiente índice:

1. **Aplicación de pruebas sensoriales en nuevos alimentos**
2. **Usos de perfiles descriptivos en actividades sensoriales**
    2.1. **Perfil de consenso**
    2.2. **Perfiles descriptivos**
        2.2.1. **Perfil de sabor (*Flavor Prolife*) y perfil de textura (*Texture Prolife*)**
        2.2.2. **Perfil de libre elección**
        2.2.3. *Flash Profile*
        2.2.4. **Mapeo proyectivo o *Napping***
        2.2.5. **Marca todo lo que aplique (CATA)**
    2.3. **Perfil descriptivo Cuantitativo (QDA)**
3. **Aplicación de pruebas hedónicas en estudios de nuevos alimentos**
4. **Comparación de estudios**
5. **Tendencias futuras**

1. Aplicación de pruebas sensoriales en nuevos alimentos

A medida que la relación entre dieta y salud se ha convertido en una prioridad para los consumidores, el desarrollo de alimentos saludables enriquecidos con ingredientes funcionales ha aumentado sustancialmente. Frente a la creciente demanda de un comprador cada vez más exigente, la industria alimentaria se ha visto obligada a introducir nuevos productos en el mercado que no solo mejoren la salud, sino que también sean capaces de competir en función de los atributos sensoriales: sabor, aroma, textura. Hay que tener en cuenta que las preferencias de gusto del consumidor suelen ser el factor determinante para aceptar un nuevo alimento como parte de la dieta habitual y así conseguir un nuevo enfoque de la comida tradicional (Guerrero, 2001).

Sin embargo, el comportamiento del consumidor frente a un nuevo producto es complejo y está influenciado por sus creencias y actitudes, por las características sensoriales del mismo y por el marketing (publicidad, marca, precio...). Por eso, es interesante poder estudiar el efecto que tienen las propiedades organolépticas sobre la aceptabilidad del producto mediante procesos descriptivos y hedónicos (Briz y García, 2004).

Por un lado, los catadores entrenados podrán describir las características sensoriales del alimento, pero su valoración hedónica carecerá de utilidad desde un punto de vista comercial. Un consumidor podrá informar sobre si el producto le gusta o no, pero no podrá explicar cuánto le agrada en términos sensoriales descriptivos (Grahl *et al.*, 2018).

Por tanto, lo ideal para desarrollar un producto con información fiable y conseguir una formulación óptima será que los diferentes jueces desempeñen su labor de manera independiente sobre las mismas muestras, obteniendo un perfil descriptivo y un test de consumidores, para posteriormente relacionar ambas matrices de datos y poder explicar ambas muestras de forma satisfactoria mediante pruebas afectivas (Briz y García, 2004).

2. Usos de perfiles descriptivos en actividades sensoriales

El análisis sensorial descriptivo constituye el primer paso en la caracterización sensorial de un producto alimenticio. Las pruebas descriptivas son las más útiles, ya que proporcionan la descripción e intensidad de los atributos sensoriales, pudiendo comparar y diferenciar grupos de productos y correlacionarlos con diferentes atributos. Se pueden relacionar los diferentes atributos con variables del proceso e ingredientes aportando información muy valiosa para el diseño o mejora de un producto. La evaluación es bastante completa del alimento y está realizada por jueces entrenados. El panel debe estar formado por pocos jueces, entre seis y veinte, siendo el número doce el que se considera más idóneo. Además, deben ir siempre interpretados los resultados con un análisis estadístico adecuado (Stone *et al.*, 2021).

Además, es importante el uso de un lenguaje apropiado, ya que algunas propiedades no pueden ser descritas por un solo atributo sensorial, sino como una combinación de varias características que conforman el atributo en cuestión. Esto es especialmente aplicable en los casos del sabor, el aroma y la textura, dado que uno no puede referirse simplemente a la textura del alimento, sino al conjunto de sus atributos o características de textura (Briz y García, 2004). Ocurre también con los términos holísticos: cremoso, suave, limpio y fresco, muy confusos para los catadores. Varios científicos han demostrado que la percepción de cremosidad resulta de la suavidad, la viscosidad, la sensación grasa en la boca y el sabor a crema (Frøst y Janhøj, 2007). De esta forma, se desarrollaron unas técnicas descriptivas conocidas como perfiles sensoriales.

2.1. Perfil de consenso

Técnica descriptiva sofisticada desarrollada por Arthur D. Little Inc., en 1948, en la que se realizan diferentes sesiones por un panel de cuatro a seis jueces, cuidadosamente seleccionados y entrenados. En la primera sesión se abordan descripciones e impresiones más generales, eligiendo los atributos más importantes del alimento, mientras que en las sesiones posteriores se centran en alcanzar un consenso en la clasificación de las intensidades y del orden de aparición de los caracteres a tratar (aroma, flavor...). Se utilizó por primera vez para describir el efecto del glutamato monosódico en la percepción del sabor (Stone y Sidel, 2004).

2.2. Perfiles descriptivos

Existen diferentes pruebas de perfiles descriptivos, y las más destacadas son el perfil de consenso y el perfil descriptivo (DA), ambos descritos en el capítulo 8. A continuación se describen las principales pruebas de perfiles descriptivos que se están utilizando, como perfil de flavor (*Flavor Prolife*) y perfil de textura (*Texture Prolife*), perfil de libre elección, *flash prolife*, mapeo proyectivo o *napping*, marca todo lo que aplique (*Check-All-That-Apply* o CATA). Por último, se explicará el análisis cuantitativo descriptivo (AQD o *Quantitative descriptive análisis* QDA),

El análisis descriptivo convencional (DA) se desarrolló para continuar con el perfil de consenso. Es decir, que después de que un panel de entre seis y diez jueces, entrenados y experimentados, generen colectivamente términos y escalas descriptivas principalmente para el olor, flavor y textura, se evalúan esos atributos. El jefe del panel elabora una lista de descriptores para su posterior discusión y perfeccionamiento. Finalmente, el cuestionario acordado se emplea como base para clasificar los productos de la prueba. Además, en estos perfiles se están incluyendo atributos percibidos por diferentes sentidos e incluso se añade una escala hedónica de lo que gusta el producto. Las representaciones gráficas de los datos a menudo implican el uso de gráficos de "telaraña" (Briz y García, 2004).

La aplicación de esta técnica se muestra en un estudio, cuyo objetivo fue documentar las propiedades sensoriales descriptivas de las proteínas de suero y soja y comparar las diferencias y similitudes entre los lenguajes sensoriales en dos países diferentes, Nueva Zelanda y Estados Unidos, y de esta forma crear una plataforma en la que desarrollar un lenguaje sensorial internacional (Drake, Jones, Russell, Harding y Gerard, 2007). En otro estudio más reciente se llevó a cabo un análisis descriptivo para medir los efectos de la planta *Synsepalum dulcificum*, también conocida como "fruta milagrosa", sobre el sabor de diferentes alimentos agrios, y se observó que el uso de esta fruta aumentaba el dulzor y suprimía la acidez en todas las muestras, aunque en diferentes grados, por lo que los resultados obtenidos se pueden aplicar para optimizar el uso de esta planta y poder explicar la aceptabilidad de los productos que la contengan por parte del consumidor (Choi y Garza, 2020).

2.2.1. Perfil de sabor (Flavor prolife) y perfil de textura (Texture prolife)

El perfil conocido como *Flavor prolife* es un perfil descriptivo de atributos relacionados con el sabor, es cualitativo y se realiza con pocos jueces, como seis, que llegan a un acuerdo para describir el producto. El líder que organiza juega un papel importante para consensuar las propiedades sensoriales del perfil (AENOR, 2010).

El perfil de textura (*Texture prolife*) es similar al anterior, pero con los atributos asociados a la textura en términos de características mecánicas, geométricas de grado de grasa y humedad y el orden en que aparecen las percepciones. Hay un método para el perfil de textura publicado como norma UNE-ISO 11036:2020 (AENOR, 2017e) en el cual se señala el orden en que deben apreciarse cada propiedad; se puede realizar con algunos alimentos tales como naranja, zanahoria, nubes de golosinas, etc.

2.2.2. Perfil de libre elección

El perfil libre comparte mucho con las otras técnicas discutidas anteriormente. Sin embargo, es llamado libre porque cada catador desarrolla una lista con sus propios términos y, a partir de ella, crea un cuestionario privado. Esto ofrece la posibilidad de eliminar la etapa de entrenamiento del equipo de catadores. No obstante, el hecho de que cada juez establezca sus propias definiciones para determinados atributos hace que la interpretación de los resultados resulte más complicada (Lawless y Heymann, 2010).

Este método sensorial se utilizó para describir las características sensoriales de croquetas de tilapia enriquecidas con semillas de lino, caracterizadas por una coloración más oscura, por su olor y por su cremosidad (Fuchs, Ribeiro, Bona, Kitzberger, de Souza y Matsushita, 2018). También se aplicó para determinar la influencia de la variabilidad genética y la zona de cultivo sobre las características sensoriales de los genotipos del café Arábica de Brasil (Sorane, Brigida, Batista, de Toledo y Filipe, 2016).

Teniendo en cuenta los aspectos económicos y el tiempo que requieren los paneles de evaluación para realizar estos análisis descriptivos, se han desarrollado varias metodologías novedosas en los últimos años. Estas destacan por su rapidez y flexibilidad, ya que se pueden realizar con consumidores.

2.2.3. Flash Profile

El método de *Flash Profile* (FP) es una prueba sensorial alternativa, derivada del perfil libre donde cada sujeto selecciona y emplea sus propias palabras para evaluar los productos que se quieren analizar (Lawless y Heymann, 2010).

Esta técnica ha servido para obtener una caracterización precisa del perfil de olor de tres especies de pescado para una posterior discriminación entre las muestras (Marques, Lise, Bonadimann y Mitterer-Daltoe, 2019). Se ha utilizado también para describir las características sensoriales del pan sin gluten enriquecido con harina de teff (una semilla pequeña marrón tostada originaria de Etiopía) y yacón (tubérculo semejante a la patata procedente de Sudáfrica). Esto ha favorecido el desarrollo de productos sin gluten con propiedades tecnológicas, nutricionales y sensoriales adecuadas (Viell, Tonon, Perinoto, Braga y Fuchs, 2020).

2.2.4. *Mapeo proyectivo o* Napping

Es un sistema rápido de perfiles sensoriales que busca informar sobre los atributos del alimento, evitando limitar a los catadores con el uso de escalas hedónicas. Además, es útil para realizar estudios de mercado y para evaluar la aceptación de productos innovadores por parte de los consumidores. Destaca por ser una técnica rápida y sencilla de usar, que no requiere de catadores entrenados, aunque el elevado número de muestras puede llegar a fatigar a los jueces (Louw, Oelofse, Naes, Lambrechts, van Rensburg y Nieuwoudt, 2015).

En un estudio se ayudaron del *Napping* para investigar las diferencias sensoriales entre nueve muestras de vinagre balsámico de formulaciones y orígenes distintos (Torri, Jeon, Piochi, Morini y Kim, 2017). Los resultados de otros estudios han mostrado su aplicación para la identificación de similitudes y diferencias entre dos marcas de café (Barahona, 2016), así como para apreciar diferencias de sabor entre distintos vinos (Kemp, Pickering, Willwerth y Inglis, 2018).

2.2.5. Marca todo lo que aplique (CATA)

CATA son las siglas en inglés de *Check-All-That-Apply*. Es un cuestionario rápido y sencillo que proporciona a los jueces una recopilación de todos los atributos del producto sometido a evaluación y se les pide que seleccionen aquellos que consideren apropiados para describir la muestra (Espitia-López, Rogelio-Flores, Angel-Cuapio, Flores-Chávez, Arce-Cervantes, *et al.*, 2019). La aplicación de métodos descriptivos, como CATA con clasificaciones hedónicas, permiten incorporar percepciones sensoriales y extrínsecas propias del alimento en el desarrollo de nuevos productos, como, por ejemplo, alimentos enriquecidos nutricionalmente con cualidades sensoriales atractivas para personas que han padecido cáncer, y que comúnmente experimentan cambios en el gusto y el olfato, alterando sus preferencias alimentarias (Wismer, 2018).

Comparación de perfiles descriptivos

Se realizó un estudio en el que se comparaba la eficacia del análisis descriptivo convencional (DA) con el perfil de libre elección (FCP) y el *Flash Profile* (FP). Los resultados mostraron que DA proporcionaba una información más detallada y precisa de los productos mediante una medida cuantitativa de la intensidad de los atributos sensoriales, con respecto al FCP y al FP. Sin embargo, el DA tardó mucho más tiempo en obtener las respuestas. Por otro lado, al comparar el FCP con el FP, se observó que a pesar de que ambos procedimientos aportaban información similar, FP demostró ser mucho más rápido, aunque con un vocabulario menos específico (Liu, Bredie, Sherman, Harbertson y Heymann, 2018).

Como consecuencia de la popularidad que están ganando las técnicas de perfiles sensoriales rápidos, se llevó a cabo una evaluación de la aplicación de dos de ellas en la alimentación. Los resultados obtenidos por Mapeo proyectivo o *Napping* fueron más precisos, y permitieron agrupar las muestras atendiendo a sus diferencias cualitativas, mientras que el *Flash Profile* (FP) proporcionó una información más detallada de las muestras (Liu, Gronbeck, Di Monaco, Giacalone y Bredie, 2016).

También destaca otro estudio en el que se compararon dos métodos de perfiles sensoriales rápidos basados en la capacidad de los consumidores de discriminar y describir ocho muestras de cerveza. Los resultados demostraron que la precisión y reproducibilidad de la información sensorial obtenida por CATA era comparable a la del Mapeo proyectivo o *Napping*. Sin embargo, CATA resultó ser más rápida y eficaz frente a grupos más numerosos de consumidores (Reinbach, Giacalone, Ribeiro, Bredie y Frost, 2014).

2.3. Perfil descriptivo cuantitativo (QDA)

Este perfil es conocido como "Quantitative descriptive analysis" (QDA^R).

El desarrollo de los métodos de los perfiles descritos en el apartado anterior estimuló la investigación para nuevos métodos descriptivos cuantitativos que superaran a los de consenso o fueran dependientes del juez líder. Este tipo de análisis (QDA) utiliza un diseño de ensayo con repeticiones, identifica y mide todos los atributos del producto de forma individual, es cuantitativo e incorpora el conocimiento actual sobre el comportamiento humano y su medición. Se realiza con jueces entrenados, con doce se ha visto que es suficiente, que acordarán el vocabulario: después de utilizar el lenguaje de forma amplia, verán las coincidencias quedándose con el lenguaje más adecuado. Utilizan escalas, pero generalmente no estructuradas, sin numerar, aunque el resultado final si se dará numérico (Stone *et al.*, 2021). Los jueces serán voluntarios, disponibles y recopilan la información, mediante algún programa informático, ya que se genera una elevada cantidad de datos, para finalmente realizar análisis de estadística multivariante descrita en el capítulo anterior. El más común es el análisis de la varianza (ANOVA). Por lo general, se utiliza el ANOVA de dos factores para estudiar la variabilidad entre productos y entre evaluadores (Normas ISO, 2017).

Se llevan a cabo varias repeticiones para verificar si los jueces son válidos y consistentes e incluso se medirán los cambios en las redes neuronales como consecuencia de la evaluación sensorial (Stone *et al.*, 2021).

Por tanto, el método del Perfil Descriptivo Cuantitativo (QDP) describe todas las propiedades sensoriales de un producto y cuantifican sus intensidades. Este método lo realiza un panel entrenado. Las propiedades sensoriales, denominadas atributos, son generadas por el panel para un producto específico y el entrenamiento del panel está específicamente orientado a la categoría de producto de estudio. Los perfiles obtenidos son específicos del panel y el producto objeto de estudio. Estos perfiles no pueden ser utilizados/interpretados por otros grupos si no se aportan patrones de referencia normas UNE-EN ISO 13299:2017 (AENOR, 2017).

3. Aplicación de pruebas hedónicas en estudios de nuevos alimentos

Los diferentes estudios demuestran que los nuevos productos alimenticios tienen un mayor éxito cuando se desarrollan orientados hacia las preferencias del consumidor, por lo que se requiere la participación temprana y activa de los consumidores (Grahl *et al.*, 2018).

Hay que destacar una serie de ellos (tabla 12), en los que a partir de pruebas afectivas o hedónicas se pretende determinar la aceptabilidad de una serie de muestras y evaluar si esta varía según las características de los consumidores, como la edad (Graça *et al.*, 2019), el sexo y los hábitos de consumo (Grahl *et al.*, 2018). Del mismo modo, se demostró que la familiaridad con los productos también influía en su posterior acogida, como se muestra en el siguiente estudio realizado en Alemania, Francia y Países Bajos en el que se analizaba la aceptación de tres productos diferentes (pasta, cecina y sushi) basados en la microalga espirulina (*Arthrospira platensis*), llegando a la conclusión de que la muestra de pasta rellena de espirulina era la que más gustaba (Grahl *et al.,* 2018; Ribeiro *et al.*, 2019).

En conjunto, un producto aceptable se podría decir que es aquel que es consumido con placer y satisfacción, y el hecho de que sea más aceptable que otros de su grupo incluye toda una serie de consideraciones relacionadas con el mercado potencial, las actitudes sociales de consumo, la predisposición a la compra y la frecuencia de su consumo, entre otros (Grahl *et al.*, 2018).

Estos estudios de consumo se realizan con grupos numerosos de catadores porque, de lo contrario, pueden presentar resultados poco fiables que no son representativos de la población. A su vez, son jueces sin ningún tipo de entrenamiento previo que han de informar del grado de placer o disgusto que le produce lo que prueban. El tamaño del panel de cata, los cuestionarios y la forma de recoger los datos que se precisan dependerán en gran medida del tipo de atributos sensoriales que se quieren analizar y de la capacitación de los evaluadores, aunque en cualquier caso deberá ser lo más natural posible, evitando la sensación de experimentación y de fatiga durante el proceso.

Tabla 12. Pruebas hedónicas en nuevos alimentos

Estudio	Participantes	Pruebas	Referencia
Sensory qualities of pastry products enriched with dietary fiber and plyphenolic substances	100 consumidores de 22-60 años	Escala gráfica hedónica	(Komolka *et al.*, 2016)
Spelt pasta with increased content of functional components	60 consumidores de diferente sexo y edad	Escala hedónica verbal de 9 puntos	(Filipovic *et al.*, 2017)
Optimization of soy milk, mango nectar and sucrose solution mixes for a better quality soy milk-based beverage	50 consumidores elegidos de forma aleatoria	Escala hedónica verbal de 5 puntos	(Getu, Tola y Neela, 2017)
Sensory analysis of a kefir product designed for active cancer survivors	52 consumidores mayores de 18 años	– Escala hedónica verbal de 9 puntos – Suministro de material informativo – Intención de compra	(O'Brien *et al.*, 2017)
The Conceptualization of Novel Food Products Based on Spirulina (*Arthrospira platensis*) and Resulting Consumer Expectations	1.035 consumidores de tres países diferentes y de diferentes edades y géneros	– Escala hedónica verbal de 9 puntos – Suministro de material informativo	(Grahl *et al.*, 2018)
Production, quality, and acceptance of Tempeh and White Bean Tempeh Burgers	82 consumidores	– Escala hedónica verbal de 9 puntos – Intención de compra	(Vital *et al.*, 2018)
Wheat bread with dairy products: technology, nutritional, and sensory properties	25 consumidores habituales de 20-50 años	Escala hedónica verbal de 5 puntos	(Graça, Raymundo y Sousa, 2019)
Antioxidant activity and main chemical components of a novel fermented tea	85 consumidores	Escala hedónica verbal de 5 puntos	(Tong *et al.*, 2019)
Assessing sensory characteristics and consumer preference of legume-cereal-root based porridges in Nandi County	Distinción entre niños y adultos	Escala hedónica verbal de 3 puntos	(Gitau *et al.*, 2019)
Optimization of the spray drying process conditions for acerola and seriguela juice mix	100 consumidores – 82 mujeres – 18 hombres 18-50 años	– Escala hedónica verbal de 9 puntos – Intención de compra	(Ribeiro *et al.*, 2019)

4. Comparación de estudios

Las pruebas para evaluar la aceptación del producto consistían en un análisis de las siguientes propiedades sensoriales: sabor, aroma, color, apariencia, textura y aceptabilidad general, utilizando jueces no entrenados. Para ello, se emplearon pruebas afectivas. Las más comunes fueron las escalas verbales de 9 puntos, en la que el 1 fue descrito como "el menos aceptable" y el 9 como "el más aceptable" (O'Brien, Boeneke, Prinyawiwatkul, Lisano, Shackelford y Reeves, 2017; Filipovic, Ahmetxhekaj, Filipovic y Kosutic, 2017; Vital *et al.*, 2018; Grahl *et al.*, 2018; Ribeiro *et al.*, 2019). Otros estudios también mostraron el uso de escalas verbales de 5 puntos (Getu, Tola y Neela, 2017; Graça, Raymundo y Sousa, 2019; Tong, Liu, Kang, Zhang y Kang, 2019), y en menor medida se utilizó un rango de 3 puntos (1- más preferido, 2- moderadamente preferido y 3- menos preferido) (Gitau, Kunyanga, Abong, Ojiem y Muthomi, 2019). Las escalas han de cumplir una serie de requisitos, dado que se trabaja con sujetos sin experiencia y se quiere evitar el mayor número de errores. Es esencial que sean sencillas y que presenten un vocabulario de fácil comprensión e imparcial para minimizar la influencia sobre las respuestas.

En estas pruebas las muestras se presentaban en diferente orden para cada individuo, dejando un intervalo de 1-3 minutos entre la presentación de una y otra minimizando la adaptación. Además, si fuera necesario podían enjuagarse la boca con agua o comer un trozo de pan.

Asimismo, estas pruebas de consumo se realizaban por paneles de catadores numerosos para obtener una muestra más representativa de las preferencias de la población (Komolka, Górecka, Szymandera-Buszka, Jędrusek-Golińska, Dziedzic y Waszkowiak 2016; Grahl *et al.*, 2018; Ribeiro *et al.*, 2019) frente a otras investigaciones con un número menor de participantes (Getu, Tola y Neela, 2017; O'Brien *et al.*, 2017; Graça, Raymundo y Sousa, 2019), dando lugar a unos resultados menos fiables.

Por otra parte, no solo valoraron su grado de aceptación, sino que también se les preguntó sobre su intención de compra a través de dos cuestiones abiertas para que indicasen el motivo por el que les gusta o no les gusta el alimento (O'Brien *et al.*, 2017; Vital *et al.*, 2018; Ribeiro *et al.*, 2019). A continuación, se les informó de los beneficios saludables que tenía el producto en cuestión, mediante un breve texto explicativo acompañado de una imagen, y se les pidió que calificaran cómo de relevante encontraron dicha información.

Posteriormente, los participantes probaron una segunda muestra, que seguía siendo el mismo producto, para que respondieran a las mismas preguntas relacionadas con los atributos sensoriales del gusto y la intención de compra, con el objetivo de determinar si los beneficios afectaban a la aceptabilidad final. Se evidenció que después de suministrar material informativo, los encuestados fueron influenciados positivamente y se encontró un aumento en la aceptación del nuevo producto (O'Brien *et al.*, 2017; Grahl *et al.*, 2018).

Por lo tanto, se demostró que, si el mercado continuase creciendo, siguiendo las tendencias del consumo mundial de estos productos y aplicase mayores esfuerzos en informar a los consumidores sobre sus beneficios, podrían introducirse con éxito.

5. Tendencias futuras

La demanda de alimentos sostenibles y una mayor conciencia por la salud y el bienestar, así como otros cambios sociales, han dado lugar al desarrollo de alimentos novedosos en nuestro entorno, como puede ser el caso de la utilización de insectos como materia prima. Sin embargo, a pesar de todos los beneficios que ofrece su producción y consumo, en las sociedades occidentales, donde no existe una cultura de entomofagia, las personas experimentan un sentimiento de desagrado o aversión hacia su consumo (van der Weele *et al.*, 2019; Tuorila y Hartmann, 2020). Lo mismo sucede con la introducción de ciertas especies de medusas mediterráneas en la dieta europea, ya que sus características nutricionales hacen que tenga un gran potencial como alimento innovador sostenible y fuente de compuestos bioactivos (Ávila *et al.*, 2020; Kongstad y Giacalone, 2020). Para superar la neofobia hacia estos productos se pretende minimizar los atributos sensoriales negativos y desarrollar estrategias de marketing que aporten una información clara y accesible a la población.

Del mismo modo, los investigadores están buscando una forma de combinar diferentes instrumentos capaces de medir la neofobia alimentaria y la voluntad de probar alimentos desconocidos, como Food Neophobia Scale (FNS), Food Neophobia Scale for Children (FNSC), Food Attitude Scale (FAS) o Children's Eating Behavior Questionnaire (CEBQ), con el objetivo de aumentar la tasa de éxito de los nuevos productos en el mercado (Hu, Tong, Manyande y Du 2020; Aheto, Huang, Tian, Ren, Ernest y Alenyorege, 2020).

Asimismo, el impacto de la producción de alimentos en el medio ambiente, el cambio climático y el bienestar animal ha alentado a las personas a buscar nuevas alternativas de origen vegetal, que imitan la textura y el sabor de la carne, basados principalmente en cereales, legumbres y soja (Ávila *et al.*, 2020; Kongstad y Giacalone, 2020). Se espera un incremento de su crecimiento, por lo que hay que buscar nuevos métodos que permitan mejorar el sabor y la textura de estos productos y conseguir satisfacer las expectativas de los consumidores.

Por otra parte, muchos productos nuevos saludables, bajos en grasas y colesterol, o enriquecidos en fibra y con vitaminas y minerales, despiertan un gran interés entre los consumidores, pero solo son aceptados si tienen un buen sabor, de manera que la industria alimentaria necesita apostar por la promoción de estos alimentos saludables con la adición de ingredientes funcionales a productos más accesibles (Ávila *et al.*, 2020; Kongstad y Giacalone, 2020).

Por último, cabe destacar que el aumento constante del consumo global ha llevado a la industria agroalimentaria a adaptarse y no priorizar ante todo en la calidad de los alimentos, y de esta forma poder garantizar el sustento de la población. Las técnicas de análisis sensorial utilizadas requieren de bastante trabajo y tiempo. Por esa razón, existe una creciente demanda de métodos novedosos que podrían usarse para un análisis rápido de la calidad de los alimentos, como es el caso de los sistemas de nariz y lengua electrónica y la visión artificial. Sin embargo, debido a la alta complejidad de los alimentos, el uso de los datos obtenidos por un solo sensor a menudo es insuficiente. En la actualidad, se han realizado muchas investigaciones con el objetivo de desarrollar una estrategia para la fusión de datos, combinando los resultados de múltiples fuentes instrumentales y mejorar la evaluación de la calidad y la autentificación de los alimentos (Hu *et al.*, 2020; Aheto *et al.*, 2020).

Resumen

En este capítulo se han reflejado las nuevas tendencias en análisis sensorial. En la actualidad se utilizan diferentes tipos de evaluación, sensoriales e instrumentales, como una herramienta válida en el control y análisis en la industria alimentaria y en el campo de la investigación de alimentos. Las nuevas tecnologías que tratan de imitar a los sentidos humanos están siendo utilizadas y se han encontrado en varios estudios, son más objetivas, precisas y rápidas. Sin embargo, los paneles de catadores siguen siendo esenciales. Se han utilizado diferentes tipos de perfiles descriptivos, como *Flash Profile* y el Marca todo lo que aplique (CATA): son sencillos, económicos y rápidos, aportando información más precisa y detallada de los productos.

CONCLUSIONES

Conclusiones

La evaluación sensorial de alimentos sirve para conocer las diferencias entre productos alimenticios semejantes, para conocer la aceptación de un alimento nuevo, funcional o modificado por cambio en sus ingredientes o en el proceso de elaboración y, por último, para saber y cuantificar los principales atributos sensoriales.

Existen muchos factores que van a influir en la aceptación de un alimento:

1. Individuales: edad, sexo, fisiología...
2. Factores psicológicos
3. Factores socioeconómicos: moda, disponibilidad económica, geografía, gastronomía...
4. Ubicación, hora, apetito...
5. La valoración sensorial es subjetiva, aunque se puede analizar lo más objetivamente posible si se aplican las normativas existentes

Se elige un alimento por la percepción de todos los sentidos influidos por todos los factores indicados.

El análisis sensorial está basado en leyes y fundamentos para conocer la relación de estímulos (físicos y químicos) y las respuestas de la persona.

Las pruebas sensoriales son de varios tipos: en función del objetivo que se persiga, existen pruebas básicas que sirven de entrenamiento. Se utilizan las pruebas discriminativas para diferenciar productos muy similares, pruebas discriminativas complejas, que miden esas diferencias. Otras pruebas, denominadas afectivas, son las que se aplican para conocer el gusto del consumidor o consumidora. Y por último, las pruebas descriptivas cualitativas y cuantitativas, las suelen realizan los jueces entrenados, ya que miden la intensidad o magnitud de los atributos sensoriales y se debe tener cierta experiencia.

BIBLIOGRAFÍA

Bibliografía

Abdi, H. (2002). «What can cognitive psychology and sensory evaluation learn from each other?» *Food Quality and Preference, 13(7): 445-451.* https://doi.org/10.1016/S0950-3293(02)00038-1 ISSN 0950-3293

AENOR (1997). *Análisis sensorial. Recopilación de Normas UNE.* Asociación Española de Normalización y Certificación. Ed. AENOR D.L. Madrid

AENOR (2008). *Análisis sensorial. Metodología. Prueba triangular.* UNE-EN ISO 4120:2008

AENOR (2010). «Normas UNE. 2ª ed.» *Análisis sensorial.* Madrid: Ed AENOR. D.L. Madrid

AENOR (2014a). *Análisis sensorial. Guía general para la selección, entrenamiento y control de catadores y catadores expertos.* UNE-EN ISO 8586:2014

AENOR (2014b). *Análisis sensorial. Guía general para el diseño de una sala de cata.* UNE-EN ISO 8589:2010/A1:2014

AENOR (2017a). *Análisis sensorial. Vocabulario.* UNE-EN ISO 5492:2010/A1:2017

AENOR (2017b). *Análisis sensorial. Metodología. Guía general para la realización de pruebas hedónicas con consumidores en una zona controlada.* UNE-EN ISO 11136:2017

AENOR (2017c*). Análisis sensorial. Metodología. Prueba de comparación por parejas.* UNE-EN ISO 5495:2007/A1:2016

AENOR (2017d). *Análisis sensorial. Metodología. Ordenación.* UNE-ISO 8587:2010/Amd 1:2017. UNE-ISO 8587:2010/Amd 1:2017

AENOR (2017e). *Análisis sensorial. Metodología. Guía general para establecer un perfil sensorial. UNE-ISO 13299:2016.* UNE-EN ISO 13299:2017

AENOR (2018). *Análisis sensorial. Metodología. Ensayo dúo-trio.* UNE-EN ISO 10399:2018

AENOR (2019). *Análisis sensorial. Metodología. Guía general.* UNE-ISO 6658:2019

Aguilera, Y., Pastrana, I., Rebollo-Hernanz, M., Benitez, V., Álvarez-Rivera, G., Viejo, J.L., Martín-Cabrejas. M.A. (2021). «Investigating edible insects as a sustainable food source: nutritional value and techno-functional and physiological properties». *Food & Function,* 12:6309. https://doi.org/10.1039/d0fo03291c ISSN 2042-650X

Aguilera, Y., Esteban, R.M., Benítez, V., Mollá, E., Martín-Cabrejas, M.A. (2009). «Starch, Functional Properties and Microstructural Characteristics in chickpea and lentil as affected by thermal processing». *Journal of Agricultural and Food Chemistry,* 57 (22): 10682-10688. https://doi.org/10.1021/jf902042r ISSN 1520-5118

Aheto, J.H., Huang, X., Tian, X., Ren, Y., Ernest, B., Alenyorege, E., et al. (2020). «Multi-sensor integration approach based on hyperspectral imaging and electronic nose for quantitation of fat and peroxide value of pork meat». *Analytical and Bioanalytical Chemistry,* 412(5):1169–1179. https://doi.org/10.1007/s00216-019-02345-5 ISSN 1618-2642

Ahmed, J., Basu, S. (2022). *Advances in food rheology and its applications* (2nd edition). Woodhead Publishing. Oxford. https://www.elsevier.com/books/advances-in-food-rheology-and-its-applications/ahmed/978-0-12-823983-4 ISBN: 9780128239841

An, S. S., Liggett, S. B. (2018). «Taste and smell GPCRs in the lung: Evidence for a previously unrecognized widespread chemosensory system». *Cellular Signalling, 41: 82-88.* https://doi.org/10.1016/j.cellsig.2017.02.002 ISSN 0898-6568

Algom, D. (2021). «The Weber–Fechner law: A misnomer that persists but that should go away». *Psychological Review, 128: 757-765.* https://doi.org/10.1037/rev0000278. ISSN 0033-295X

Anzaldúa-Morales, A. (1994). *La evaluación sensorial de los alimentos en la teoría y la práctica,* 1ª ed. Zaragoza: Ed. Acribia, S.A.

Ares, G., Varela. P. (2017). «Trained vs. consumer panels for analytical testing: Fueling a long lasting debate in the field». *Food Quality and Preference, 61: 79-86. https://doi.org/10.1016/j.foodqual.2016.10.006.* ISSN 0033-295X

Avila, B.P., da Rosa, P., Fernandes, T., Chesini, R., Sedrez, P., de Oliveira, A., *et al.* (2020). «Analysis of the perception and behaviour of consumers regarding probiotic dairy products». International *Dairy Journal*, 106:104703. https://doi.org/10.1016/j.idairyj.2020.104703 ISSN 0958-6946

Badui Dergal, S. (2013). *Química de los Alimentos*. México: Ed Pearson. ISBN 978-607-32-1508-4

Bello Rodríguez, J. (2000). *Ciencia bromatológica. Principios generales de los alimentos*. Madrid: Ed. Díaz de Santos.

Berodier, F., Lavanchy, P., Zannoni, M., Casals, J., Herrero, L. Adamo, C. (1997). «Guía para la evaluación olfato gustativa de los quesos de pasta dura y semidura». *GeCOTEET*, Poligny, Francia.

Birch, G.G., Munton, S.L. (1981). «Use of the SMURF in taste analysis». *Chemical Senses*, vol 6(1): 45-52. https://doi.org/10.1093/chemse/6.1.45 ISSN 0379-864X

Bondu, C., Salles, C., Weber, M., Guichard, E., Visalli, M. (2022). «Construction of a Generic and Evolutive Wheel and Lexicon of Food Textures». *Foods*; 11(19):3097. https://doi.org/10.3390/foods11193097 ISSN 2304-8158

Briz, J., García, R. (2004). *Análisis sensorial de productos alimentarios. Metodología y aplicación a casos prácticos.*, 2a ed. Madrid: ed Ministerio de Agricultura, Pesca y Alimentación.

Catania, C., Avagnina, S. (2007). «Capítulo 29. El análisis sensorial». *Curso Superior de degustación Estudios Avanzados Mendoza*. Ed Andina Sur-INTA.

Carpenter, R.P., Lyon, D.H., Hasdell, T.A. (2002). *Análisis sensorial en el desarrollo y control de la calidad de alimentos,* 2ª, Zaragoza: Ed. Acribia.

Cevoli, C., Cerretani, L., Gori, A., Caboni, M., Gallina Toschi, T., Fabbri, A. (2011). «Classification of Pecorino cheeses using electronic nose combined with artificial neural network and comparison with GC–MS analysis of volatile compo unds». *Food Chemistry*, 129(3):1315–1319. https://doi.org/10.1016/j.foodchem.2011.05.126 ISSN 0308-8146

Cordero-Bueso, G.A. (2017). *Análisis sensorial de los Alimentos*. 1ª ed, Madrid: Ed. AMV Ediciones. ISBN 978-84-945558-4-8

Costell, E., Duran, L. (1981). «El análisis sensorial en el control de calidad de los alimentos». *Revista de Agroquímica y Tecnología de Alimentos*, 21:1–10. https://doi.org/10.26461/11.05 ISSN 0034-7698

Cheftel, J.C., Cheftel, H. (1992). *Introducción a la bioquímica y tecnología de los alimentos.* Vol I. Zaragoza: Ed. Acribia. ISBN 978-84-200044-4-0

Chen, J., Tian, S., Wang, X., Mao, Y., Zhao, L. (2021). «The Stevens law and the derivation of sensory perception». *Journal of Future Foods, 1(1): 82-87.* https://doi.org/10.1016/j.jfutfo.2021.09.004 ISSN 2772-5669

Choi, S.E., Garza, J. (2020). «Effects of different miracle fruit products on the sensory characteristics of different types of sour foods by descriptive analysis». *Journal of Food Science*, 85(1):36–49. https://doi.org/10.1111/1750-3841.14988 ISSN 2772-5669

Defilippi, B.G., Juan, W., Valdes, H., Moya-León, M., Infante, R, Campos-Vargas, R. (2009). «The aroma development during storage of Castlebrite apricots as evaluated by gas chromatography, electronic nose, and sensory analysis». *Postharvest Biology and Technology*, 51(2):212–219. https://doi.org/10.1016/j.postharvbio.2008.08.008 ISSN 2772-5669

Drake, M.A., Jones, V., Russell, T., Harding, R., Gerard, P. (2007). «Comparison of lexicons for descriptive analysis's of whey and soy proteins in New Zealand and the U.S.A.» *Journal of Sensory Studies*, 22(4):433–452. https://doi.org/10.1111/j.1745-459x.2007.00118.x ISSN 0887-8250

Espitia-Lopez, J., Rogelio-Flores, F., Angel-Cuapio, A., Flores-Chavez, B., Arce-Cervantes, O., *et al.* (2019). «Characterization of sensory profile by the CATA method of Mexican coffee brew considering two preparation methods: espresso and French press». *International Journal of Food Properties*, 22(1):967–973. https://doi.org/10.1080/10942912.2019.1619577 ISSN 1094-2912

Fennema, O.R. (2000). *Química de los alimentos.* 3ª ed. Zaragoza: Ed Acribia S.A. ISBN 978-84-200091-4-8

Fernandez Bujanda, C. (2020). *Modelado molecular del receptor del gusto amargo TAS2R16 y su unión a compuestos de interés.* Trabajo Fin de Grado. Universidad de La Rioja. CSIC-CAR-UR Instituto de Ciencias de la Vid y el Vino (ICVV. Disponible en : http://hdl.handle.net/10261/233101

Filipovic, J., Ahmetxhekaj, S., Filipovic, V., Kosutic, M. (2017). «Spelt pasta with increased content of functional components». *Chemical Industry and Chemical Engineering Quarterly,* 23(3):349–356. https://doi.org/10.2298/CI-CEQ160208049 ISSN 2217-7434

Fisher, C., Scott, T.R.(1997). *Flavores de los Alimentos. Biología y química.* Zaragoza: Ed. Acribia, S.A.

Frost, M.B., Janhoj, T. (2007). «Understanding creaminess». *International Dairy Journal,* 17(11):1298–1311. https://doi.org/10.1016/j.idairyj.2007.02.007 ISSN 0958-6946

Fuchs, R.H.B., Ribeiro, R., Bona, E., Kitzberger, C., de Souza, C., Matsushita, M. (2018). «Sensory characterization of Nile tilapia croquettes enriched with flaxseed flour using free-choice profiling and common components and specific weights analysis». *Journal of Sensory Studies,* 33(3):12324. https://doi.org/10.1111/joss.12324 ISSN 0887-8250

Gil, A. (2017). *Tratado de Nutrición. Tomo III. Composición y calidad nutritiva.* 3ª ed. Madrid: Ed Panamericana.

Getu, R., Tola, Y.B., Neela, S. (2017). «Optimization of soymilk, mango nectar and sucrose solution mixes for better quality of soymilk-based beverage». *Acta Scientiarum Polonorum Technologia Alimentaria,* 16(4):379–391. https://doi.org/10.17306/J.AFS.2017.0506 ISSN 1898-9594

Gliszczyńska-Świgło, A., Chmielewski, J. (2017). «Electronic Nose as a Tool for Monitoring the Authenticity of Food. A Review». *Food Analytical Methods,* 10(6):1800–1816.30. https://doi.org/10.1007/s12161-016-0739-4 ISSN 1936-976X

Graca, C., Raymundo, A., Sousa, I. (2019). «Wheat Bread with Dairy Products-Technology, Nutritional, and Sensory Properties». *Applied Sciences,* 9(19):4101. https://doi.org/10.3390/app9194101 ISSN 2076-3417

Grahl, S., Strackm M., Weinrich, R., Morlein, D. (2018). «Consumer-Oriented Product Development: The Conceptualization of Novel Food Products Based on Spirulina (*Arthrospira platensis*) and Resulting Consumer Expectations». *Journal of Food Quality,* 1–11. https://doi.org/10.1155/2018/1919482 ISSN 1745-4557

Guerrero, L. (2001). «Marketing PDO (Products with Denominations of Origin) and PGI (Products with Geographical Identities)». *Food, People and Society*. Springer: 281–297. https://doi.org/10.1007/978-3-662-04601-2_18

Guerrero, L. (2002). «Problemática de los perfiles descriptivos en productos poco homogéneos: la carne y algunos derivados cárnicos». *I Encuentro internacional, Ciencia Sensoriales y de la Percepción*. Barcelona, CS2002.

Gitau, P.W., Kunyanga, C., Abong, G., Ojiem, J., Muthomi, J. (2019). «Assessing Sensory Characteristics and Consumer Preference of Legume-Cereal-Root Based Porridges in Nandi County». *Journal of Food Quality*, 2019:1–7. https://doi.org/10.1155/2019/3035418 ISSN 1745-4557

Haddi, Z., Amari, A., Ali, A., Bari, N., Barhoumi, H., Maaref, A. (2011). «Discrimination and identification of geographical origin virgin olive oil by an e-nose based on MOS sensors and pattern recognition techniques». *Procedia Engineering*, 25:1137–1140. https://doi.org/10.1016/j.proeng.2011.12.280 ISSN 1877-7058

Hu, Z., Tong, Y., Manyand, A., Du, H. (2020). «Effective discrimination of flavours and tastes of Chinese traditional fish soups made from different regions of the silver carp using an electronic nose and electronic tongue». *Czech Journal of Food Sciences*, 38:84–93:84. https://doi.org/10.17221/103/2018-CJFS ISSN 1805-9317

Ibáñez, F.C., Barcina, Y. (2000). *Analisis sensorial de alimentos. Métodos y aplicaciones*. Barcelona: Ed. Springer. ISBN 84-07-00801-X

Jelen, H.H., Mildner-Szkudlarz, S. (2010). «Detection of olive oil adulteration with rapeseed and sunflower oils using MOS electronic nose and SMPE-MS». *Journal of Food Quality*, 33(1):21–41. https://doi.org/10.1111/j.1745-4557.2009.00286.x ISSN 1745-4557

ISO (2008). ISO 5492:2008; Sensory Analysis—Vocabulary. ISO (International Organization for Standardization): Ginebra, Suiza, 2008.

ISO (2020). 11036:2020; Sensory Analysis—Methodology—Texture Profile. ISO (International Organization for Standardization): Ginebra, Suiza, 2020.

Kemp, B., Pickering, G., Willwerthm J., Inglism D. (2018). «Investigating the use of partial napping with ultra-flash profiling to identify flavour differences in replicated, experimental wines». *Journal of Wine Research*, 29(4):302–309. https://doi.org/10.1080/09571264.2018.1532879 ISSN 0957-1264

Kolasińskaska, P., Dymerski, T., NamieśNik, J. (2015). «Use of sensory analysis methods to evaluate the odor of food and outside air». *Critical Reviews in Environmental Science and Technology,* 45(20): 2208-2244. https://doi.org/ 10.1080/10643389.2015.1010429 ISSN 1469-9672

Komolka, P., Górecka, D., Szymandera-Buszka, K., Jędrusek-Golińska, A., Dziedzic, K., Waszkowiak, K. (2016). «Sensory qualities of pastry products enriched with dietary fiber and plyphenolic substances». *Acta Scientiarum Polonorum Technologia Alimentaria*, 15(2):161-170. https://doi.org/10.17306/J. AFS.2016.2.16 ISSN 1898-9594

Kongstad, S., Giacalone, D. (2020). «Consumer perception of salt-reduced potato chips: sensory strategies, effect of labeling and individual health orientation». *Food Quality and Preference*, 81:103856. https://doi.org/10.1016/j. foodqual.2019.103856 ISSN 1898-9594

Köster, E.P. (2003). «The psychology of food choice: Some often encountered fallacies». *Food Quality and Preference,* 14(5): 359-373. https://doi.org/10.1016/ S0950-3293(03)00017-X ISSN 1745-4557

Lawless, H.T., Heymann, H. (2010). *Descriptive Analysis*. Ed Springer, Boston, 227–257.

Liu, F.., Yin, J., Wang, J., Xu, X. (2022). «Food for the elderly based on sensory perception: A review». *Current Research in Food Science*, 5: 1550-1558. https:// doi.org/10.1016/j.crfs.2022.09.014 ISSN 2665-9271

Liu, J., Gronbeck, M., Di Monaco, R., Giacalone, D., Bredie, W. (2016). «Performance of Flash Profile and Napping with and without training for describing small sensory differences in a model wine». *Food Quality and Preference*, 48:41–49. https://doi.org/10.1016/j.foodqual.2015.08.008 ISSN 1745-4557

Liu, J., Bredie, W., Sherman, E., Harbertson, J., Heymann, H. (2018). «Comparison of rapid descriptive sensory methodologies: Free-Choice Profiling, Flash Profile and modified Flash Profile». *Food Research International*, 106:892–900. https://doi.org/10.1016/j.foodres.2018.01.062 ISSN 1873-7145

Louw, L., Oelofse, S., Naes, T., Lambrechts, M., van Rensburg, P., Nieuwoudt, H. (2015). «Optimisation of the partial napping approach for the successful capturing of mouthfeel differentiation between brandy products». *Food Quality and Preference*, 41:245–253. https://doi.org/10.1016/j.foodqual.2014.12.008 ISSN 1745-4557

Majcher, M., Ławrowski, P., Jeleń, H. (2010). «Comparison of original and adulterated Oscypek cheese based on volatile and sensory profiles». *Scientiarum Polonorum Technologia Alimentaria*, 9:265–275 ISSN 1898-9594

Marques, C., Lise, C., Bonadimann, F., Mitterer-Daltoe, M. (2019). «Flash Profile as an effective method for assessment of odor profile in three different fishes». *Journal of Food Science and Technology*, 56(9):4036–4044. https://doi.org/10.1007/s13197-019-03872-w ISSN 0975-8402

Mollá, E., López-Andréu, F. J., Esteban, R. M. (1988). «Estudio de la determinación de color en frutos. Aplicación a frutos de berenjena». *Alimentaria*, XXV (197), 55-58 ISSN 0300-5755

O'Brien, K., Boeneke, C., Prinyawiwatkul, W., Lisano, J., Shackelford, D., Reeves, K. et al. (2017). «Short communication: Sensory analysis of a kefir product designed for active cancer survivors». *Journal of Dairy Science*, 100(6):4349–4353. https://doi.org/10.3168/jds.2016-12320 ISSN 0022-0302

Peleg, M. (2019). «The instrumental texture profile analysis revisited». *Journal of Texture Studies*, 50(5): 362-368. https://doi.org/10.1111/jtxs.12392 ISSN 0022-4901

Peng, Y., Gillis-Smith, S., Jin, H., Tränkner, D., Ryba, N.J.P., Zuker, C.S.(2015) «Sweet and bitter taste in the brain of awake behaving animals». *Nature,* 527: 512-515. https://doi.org/10.1038/nature15763 ISSN 1476-4687

Pérez, C. (2004). *Técnicas de análisis multivariante de datos. Aplicaciones con SPSS*, Madrid: Pearson Prentice Hall.

Pérez Elortondo, F.J., Moya, S. (2022). *Análisis sensorial de alimentos y respuesta del consumidor*. Asociación Española de profesionales del Análisis sensorial (AEPAS). Zaragoza. Ed. Acribia, S. A. ISBN: 978-84-200-1279-7

Piqueras-Fiszman, B., Alcaide, J., Roura, E., Spence, C. (2012). «Is it the plate or is it the food? Assessing the influence of the color (black or white) and shape of the plate on the perception of the food placed on it». *Food Quality and Preference*, 24(1):205–208. https://doi.org/10.1016/j.foodqual.2011.08.011 ISSN 1745-4557

Piqueras-Fiszman, B, Spence, C. (2011). «Do the material properties of cutlery affect the perception of the food you eat? An exploratory study». *Journal of Sensory Studies*, 26(5):358–362. https://doi.org/10.1111/j.1745-459x.2011.00351.x ISSN 0887-8250

Reinbach, H.C., Giacalone, D., Ribeiro, L., Bredie, W., Frost, M. (2014). «Comparison of three sensory profiling methods based on consumer perception: CATA, CATA with intensity and Napping». *Food Quality and Preference*, 32:160–166. https://doi.org/10.1016/j.foodqual.2013.02.004 ISSN 1745-4557

Ribeiro, C., Magliano, L., Costa, M., Bezerra, T., Silva, F., Maciel, M. (2019). «Optimization of the spray drying process conditions for acerola and seriguela juice mix.» *Food Science and Technology*, 39:48–55. https://doi.org/10.1590/fst.36217 ISSN 1678-457X

Rosenthal, A. J., (2001). *Textura de los alimentos*. Zaragoza: Ed Acribia S.A. ISBN: 978-84-200095-0-6

Ross, C.F., Bohlscheid, J., Weller, K. (2008). «Influence of Visual Masking Technique on the Assessment of 2 Red Wines by Trained and Consumer Assessors». *Journal of Food Science*, 73(6):279–S285. https://doi.org/10.1111/j.1750-3841.2008.00824.x ISSN 2772-5669

Sancho, J., Bota, E., de Castro, J.J.. (1999*). Introducción al análisis sensorial de los alimentos.* 1ª ed., Barcelona: Ed Universitat de Barcelona. ISBN 10: 8483380528

Smith, D.V., Margolskee, R.F. (2001). «El sentido del gusto». *Investigación y Ciencia* 296, págs. 65—71. ISSN 0210-136X.

Sorane, C., Brigida, M., Batista, J., de Toledo, M., Filipe, L. (2016). «Free choice profiling sensory analysis to discriminate coffees». AIMS *Agriculture and Food*, 1(4):455–469. https://doi.org/10.3934/agrfood.2016.4.455 ISSN 2643-1092

Stone, H., Sidel, J. (2004). *Sensory evaluation practices.* 3a ed. Elsevier: California.

Stone, H., Bleibaum, R. N., Thomas, H. A. (2021). «Descriptive analysis» en H. Stone, R. N. Bleibaum, H. A. Thomas (Eds.), *Sensory Evaluation Practices (5th ed., pp. 235-295).* Academic Press. https://doi.org/10.1016/B978-0-12-815334-5.00001-X

Tong, T. Liu, Y., Kang, J., Zhang, C., Kang, S. (2019). «Antioxidant Activity and Main Chemical Components of a Novel Fermented Tea». *Molecules*, 24(16): 2917. https://doi.org/10.3390/molecules24162917 ISSN 1420-3049

Torri,. L, Jeon, S., Piochi, M., Morini, G., Kim, K. (2017). «Consumer perception of balsamic vinegar: A cross-cultural study between Korea and Italy». *Food Research International*, 91:148–160. https://doi.org/10.1016/j.foodres.2016.12.003 ISSN 1873-7145

Tuorila, H., Hartman,n C. (2020). «Consumer responses to novel and unfamiliar foods». *Current Opinion in Food Science*, 33:1–8. https://doi.org/10.1016/j.cofs.2019.09.004 ISSN 2214-8000

Van der Weele, C., Feindt, P., Jan van der Goot, A., van Mierlo, B., van Boekel, M. (2019). «Meat alternatives: an integrative comparison». *Trends in Food Science & Technology*, 88:505–512. https://doi.org/10.1016/j.tifs.2019.04.018 ISSN 1879-3053

Viell, F., Tonon, G., Perinoto, L., Braga, M., Fuchs, R., Gomes, S. (2020). «Sensory characterization of gluten-free bread enriched with teff (*Eragrostis tef* (Zucc.) Trotter) and yacon (*Smallanthus sonchifolius*) using flash profile and common dimensión analysis». *Journal of Food Processing and Preservation*, 44(2). https://doi.org/10.1111/jfpp.14335 ISSN 1879-3053

Vital, R., Bassinello, P., Cruz, Q., Carvalho, R., de Paiva, J., Colombo, A. (2018). «Production, Quality, and Acceptance of Tempeh and White Bean Tempeh Burgers». *Foods*, 7(9):136. https://doi.org/10.3390/foods7090136 ISSN 2304-8158

Vivas Fernández, S. (2017). *Oleocantal y beneficios del aceite de oliva*. TFG del Grado de Nutrición Humana y Dietética. Universidad Autónoma de Madrid.

Wismer, W. (2018). «Rapid descriptive product profile techniques for food product development for cancer survivors». *Current Opinion in Food Science*, 21:79–83. https://doi.org/10.1016/j.cofs.2018.05.015 ISSN 2214-8000

Wiśniewska, P., Śliwińska, M., Dymerski, T., Wardencki, W., Namieśnik, J. (2016). «Differentiation between Spirits According to Their Botanical Origin». *Food Analytical Methods*, 9(4):1029–1035. https://doi.org/10.1007/s12161-015-0280-x ISSN 1936-976X

Wojnowski, W., Majchrzak, T., Dymerski, T., Gębicki, J., Namieśnik, J. (2017). «Portable Electronic Nose Based on Electrochemical Sensors for Food Quality Assessment». *Sensors*, 17(12):2715. https://doi.org/10.3390/s17122715 ISSN 1424-8220

Yu, P., Low, M. Y., Zhou, W. (2018). «Design of experiments and regression modelling in food flavour and sensory analysis: A review». Trends in Food Science & Technology, 71: 202-215. https://doi.org/10.1016/j.tifs.2017.11.013

Yu, H., Wang, J., Xu, Y. (2007). «Identification of Adulterated Milk Using Electronic Nose». *Sensors and Materials*, 19(5):275–285. http://dx.doi.org/10.1007/978-0-387-71720-3_15. ISSN 0914-4935

Zazhytska, M., Kodra, A., Hoagland, D.A., Frere, J., Fullard, J., Shayya, H., McArthur, N.G. *et al.* (2022). «Non-cell-autonomous disruption of nuclear architecture as a potential cause of COVID-19-induced anosmia» *Cell*, 185: 1052–1064. https://doi.org/10.1016/j.cell.2022.01.024 ISSN 0092-8674

Webgrafia

Asociación Española de Profesionales del Análisis Sensorial (AEPAS). www.aepas.es.

European Sensory Science Society (E3S). www.e3sensory.eu.

Organización internacional European Sensory Network (ESN). www.esn-network.com

Hunter Lab Company. (fc 5-04-2022). Soluciones para la medición de color y apariencia (hunterlab.com).www.hunterlab.com.

Munsell color chart - Apps on Google Play (fc 5-04-2022)

AGRADECIMIENTOS

AGRADECIMIENTOS

Expreso mi agradecimiento a mis queridos directores de la tesis doctoral, al profesor Francisco Javier López Andréu, catedrático de Química Agrícola, por enseñarme lo que significa el análisis sensorial de los alimentos y la importancia que tiene en la ciencia de los alimentos, y a la profesora Rosa Mª Esteban Álvarez, por su aportación en las prácticas de Análisis sensorial de los alimentos, por sus ideas innovadoras para impartirlas, además de realizarlas junto a ambos, durante muchos cursos. Siempre los tendré en mi recuerdo con gran cariño. También a la profesora Pilar Zornoza Soto, que también colaboró en impartir estas prácticas.

Asimismo, agradezco a mis compañeros del área de Nutrición y Bromatología por impartir mi docencia, así como a todos los demás colegas de mi Departamento de Química Agrícola y Bromatología, que me han permitido disfrutar de un curso sabático. Lo hago extensible a los miembros de la Junta de la facultad, que me aceptaron esta oportunidad, y al Consejo de Gobierno que me concedió el permiso sabático, sin el cual no hubiera sido posible la elaboración de este libro.

Además, quiero dar las gracias al personal del centro de atención de usuarios de informática de Ciencias, Julián Pérez, por ayudarme en los problemas informáticos que surgieron con las figuras y al técnico de laboratorio de Tecnología de alimentos, Pedro López, por su ayuda en la sala de cata.